窗

中国精致建筑100

筑境

中国·缪文祥摄影 西城 主编林 撰稿

中国建筑工业出版社

出版说明

中国是一个地大物博、历史悠久的文明古国。自历史的脚步迈入新世纪大门以来，她越来越成为世人瞩目的焦点，正不断向世人绽放她历史上曾具有的魅力和光辉异彩。当代中国的经济腾飞、古代中国的文化瑰宝，都已成了世人热衷研究和深入了解的课题。

作为国家级科技出版单位——中国建筑工业出版社60年来始终以弘扬和传承中华民族优秀的建筑文化，推动和传播中国建筑技术进步与发展，向世界介绍和展示中国从古至今的建设成就为己任，并用行动践行着"弘扬中华文化，增强中华文化国际影响力"的使命。从20世纪80年代开始，中国建筑工业出版社就非常重视与海内外同仁进行建筑文化交流与合作，并策划、组织编撰、出版了一系列反映我中华传统建筑风貌的学术画册和学术著作，并在海内外产生了重大影响。

"中国精致建筑100"是中国建筑工业出版社与台湾锦绣出版事业股份有限公司策划，由中国建筑工业出版社组织国内百余位专家学者和摄影专家不惮繁杂，对遍布全国有历史意义的、有代表性的传统建筑进行认真考察和潜心研究，并按建筑思想、建筑元素、宫殿建筑、礼制建筑、宗教建筑、古城镇、古村落、民居建筑、陵墓建筑、园林建筑、书院与会馆等建筑专题与类别，历经数年系统科学地梳理、编撰而成。本套图书按专题分册，就其历史背景、建筑风格、建筑特征、建筑文化，结合精美图照和线图撰写。全套100册、文约200万字、图照6000余幅。

这套图书内容精练、文字通俗、图文并茂、设计考究，是适合海内外读者轻松阅读、便于携带的专业与文化并蓄的普及性读物。目的是让更多的热爱中华文化的人，更全面地欣赏和认识中国传统建筑特有的丰姿、独特的设计手法、精湛的建造技艺，及其绝妙的细部处理，并为世界建筑界记录下可资回味的建筑文化遗产，为海内外读者打开一扇建筑知识和艺术的大门。

这套图书将以中、英文两种文版推出，可供广大中外古建筑之研究者、爱好者、旅游者阅读和珍藏。

目录

窗

谈及中国传统建筑的形象特征，人们首先想到的，往往是那如翼伸展的屋顶。然而在日常生活中，人们视线触及最多、接触最多的莫过于屋身。在传统合院中，建筑前檐围合形成了尺度近人的内向空间，门窗是其空间界面中最重要的组成部分。尤其是门窗槅心百态千姿，变幻无穷。曾有人以窗槅心为例，说明中国建筑装修形态之丰富，堪称世界之冠。由此可见，门窗构成了建筑装修中最具活力的要素。

　　窗起源于远古穴居屋顶上排除室内烟火的洞口——"囱"，随着穴居半穴居逐渐移至地面建筑，"囱"也经由"牖"而发展为"窗"。窗的首要功能也由排烟而演变为纳光透风。我们知道，营造理想的室内环境要求建筑的围护结构能够纳利阻弊，既要挡风雨、阻寒暑、御人兽，又要纳阳光、通和风、收佳景，在这通与阻中，窗充当了最重要的角色。聪明的古代匠师们在窗的设计中，定方向、设开启、巧用材料，巧妙地解决了通与阻的矛盾。随着时代技术的进步，窗由简陋到成熟，由粗糙到精致，由单调到丰富，有着显著的时代印迹。不同的构筑材料、不同的气候条件、不同的构造处理、不同的附属主体，衍生出不同类型、不同形态的窗。以附属主体来分，有建筑的、园林的、围墙的、屋舍的、高塔的、船舫的……；以构筑材料来分，有木构的、砖砌的、石雕的、竹编的……；以基本形态来分，有直棂窗、槛窗、支摘窗、横披窗以及其他类型的窗；此外，还有极为特殊的窗，如天窗、洞窗、假窗等。窗的"家族"可谓源远流长，庞大而繁茂！

　　传统建筑中窗的形态之丰富，槅心之多变，得益于中国传统木构架结构的独特特征，也受制于封窗材料的局限。传统木构架建筑承重结构与围护结构相对独立，围护结构可在柱间随意设置，门窗的大小、位置、形式基本不受约束，有极大的自由度。在中国，玻璃作为封窗材料，是在清中叶以后，在这之前长期沿用糊窗纸与纱，所以必须以密棂为前提，槅心构成受到极大的约束。不过，这"自由"与"约束"却结合得如此完美，"自由"赋予门窗位置、大小、形制灵活多变；"约束"却创造出繁复精美的槅心，因为密棂恰好也是槅心丰富多彩的前提所在。反过来说，也就不难理解，在形态各异、变幻无穷的窗的表象之后，其构成方式却非常简单。因为在密棂的严格约束下，构成方式是有限的，正所谓"万变不离其宗"。

图0-1　山西五台山南禅寺大殿　扉页

窗的发展变化，使它的功能不断扩展、变换甚至异化。建筑中的窗，以纳光通风为首要任务；而园林中的窗则更重于"借景"，并成为主要的设计出发点；古砖塔上的假窗，一改砖塔平素墙面的单调呆板；经堂中微弱的天光，神秘而凝重。窗要纳光取明，通风换气，装点建筑，物我交流，避俗露瑜，并且逐步成为人们心理认同的一种约定俗成，因此说，窗的意义超出了其原有的内涵。

我们对于窗的认识，还忽略了一个重要的史实。那就是由囱到窗，代表着建筑由生存空间上升为生活空间。有了窗，人们可以足不出户，坐在屋中安然享受着户外的阳光、春风与美景，领略自然的美妙，而避免自然的侵扰；室外的烈日、冽风与俗景还可以通过窗的限制大大减弱。从这小小的洞口内，我们不仅可以窥见内外，还可窥见建筑的本质，并进而理解人–建筑–自然的关系。

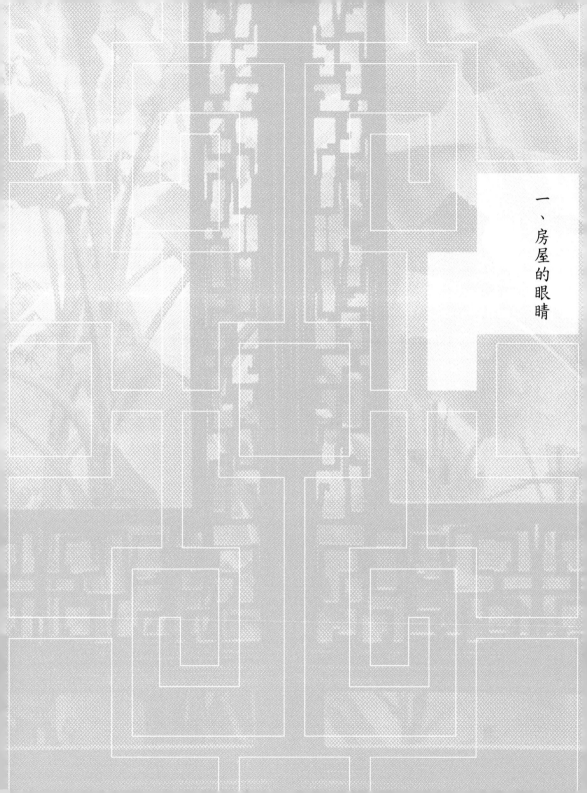

一、房屋的眼睛

"墙倒屋不塌"，流传于中国北方民间的这句俗话，形象地说明了木构架建筑承重结构与围护结构相对独立、分工明确的构筑特征。林徽因先生形象地称之为："其用法则在构屋程序中，先用木材构成架子作为骨干，然后加上墙壁，如皮肉之附在骨上，负重部分全赖木构，毫不借重墙壁（所有门窗装修部分绝不受此限制，可尽量充满木架下的空隙，墙壁部分则可无限制地减少）。"木构架结构承托屋顶与上层的重量，而柱间填充墙并不承重，只是划分内部空间或隔断室内外的道道"帷幕"，其位置及处理极为自由。就外围护结构来说大致可分三类：可以几乎全部用墙壁封闭，根据需要留少量进出口，如仓库等辅助用房；也可以全部通透，这就是我们在园林宅第中常见的亭和廊；还可以部分开窗，部分封墙，或全部开门窗，这自然是最常见的一般建筑，如大量的住宅、宫殿、庙宇、衙署等人们日常生活工作的场所。与此相反，欧洲古典建筑大多为承重墙承重，外围护结构设计必须首先满足建筑承重要求，门窗与墙成为此消彼长的矛盾要素，门窗乃至整个围护结构处理，远没有中国木构架建筑自由。

传统营造法式将木构架建筑分为大木作与小木作两部分。大木作是指建筑物一切骨干木架，即建筑的承重结构：竖的支重部分——柱和横的被支部分——梁、桁、椽与其他附属部分，以及两者之间的过渡部分——斗栱。而小木作即装修，是指门、窗、罩、天花、藻井、匾联、栏杆、挂落、楣子的总称。《园冶》中

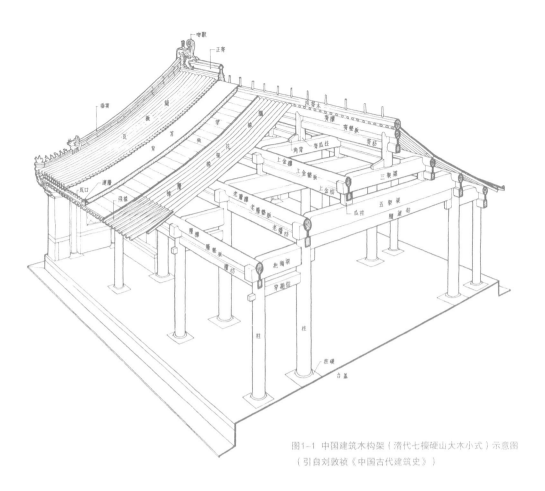

图1-1 中国建筑木构架（清代七檩硬山大木小式）示意图
（引自刘敦桢《中国古代建筑史》）

窗 | 房屋的眼睛

◎筑境 中国精致建筑100

a. 北京南新仓明代粮仓外围护结构几乎封闭，只留少量进出口及必要通风窗。

b. 北京北海团城朵云亭园林中常见的亭与廊。为通透起见，将柱间全部敞开，直观地展示出木构架建筑的"内部骨架"。围护结构不承重，其位置大小处理极为自由，从全部封闭到完全敞开随意增减。所以说，木构架为窗的设置及处理提供了极大的自由。

c. 北京住宅前檐在住宅等人们日常生活、工作的场所，为营造宜人的室内环境，围护结构要既通又挡，封墙以阻寒暑、避风雨，开门窗以纳阳光、通和风。窗子便是建筑中既通又挡的"过滤器"。

图1-2 外围护结构的三种类型

形象地称为"装折"，即有可拆卸之意。其中，门窗同归为外檐装修。

《礼记·月令》载："古者复穴皆开其上取明"，说明开窗是为了纳光取明，以满足室内正常生活的视觉需要。然而在更早的原始社会中，排除室内火塘篝火产生的烟熏和补充新的空气，才是原始住屋中比自然采光更为迫切需要解决的问题，也是窗产生的缘由。采光与通风是建筑中窗的首要目的与基本功能，并且两者往往是联系在一起的。勤劳智慧的古代匠师们，在长期的房屋营造过程中，结合房屋规制、功能要求、构造特点以及艺术处理，充分认识并巧妙地解决了门窗的朝向、位置、形式、大小、高低对于建筑采光通风的影响。

"光厅暗房"的古代俗语，说明了人们对于厅堂与寝室的采光要求是不同的。的确，不同功能的房间，自然有不同的采光、通风要求。即使同一房间，也会因时间不同、用途不同，对于采光通风要求也会有所变化。况且"天有不测风云"，自然气候变化无常，不能尽遂人愿。如何有效控制透光通风，是营造理想室内环境的关键因素。聪明的匠师们，采用三种方式来解决这个问题：一是定方向，二是能开关，三是在材料上打主意。窗的开启、关闭因构造做法不同而转化出多种形式：槛窗可平开，支摘窗可支摘，推拉窗可平行推拉移动，中轴转窗开关方便，调整灵活。并且结合不同地方材料及技术，还衍化出更巧妙、更灵活、更多用途的不同窗的形式。玻璃在建筑上应用较晚，而纱和纸很早以前就为人们用于糊窗，纸不能抵挡雨水，透光又差，人们就在窗纸上涂油以利防水纳光。

门窗不但在建筑的采光、通风中处于举足轻重的地位，而且对建筑外观也起到至关重要的作用。谈及中国传统木构架建筑形式特征，在台基、屋身与屋顶三段组成中，屋顶以其如翼伸展的形状被推为形式特征之首，但日常生活中人们视线触及最多的，却往往是屋身。而窗是屋身外檐装修最重要的组成部分，以其精巧的构造、繁复的槅心，细腻的纹理，向人们传达着建筑特有的神情：民宅的质朴亲切、书院的雅致端庄、府第的华贵富丽、宫殿的威严庄重。

在封建社会，窗的类型与槅心图案还被赋予严格的等级规定：窗从高而低的等级为槛窗、支摘窗、直棂窗。一般在宫殿组群中，主殿用槛窗，偏殿用支摘窗，而直棂窗只能用于库房、杂役、厨房等次要辅助用房上。槅心的等级区别也很明显，菱花窗只能用于宫殿这样的重要建筑上，而三交六椀菱花等级又高于双交四椀菱花。

"辟牖栖清旷，卷帘候风景。"窗，使人足不出户，便将室外天地尽收眼底，物我交流，使建筑不仅为人提供了安全与生理保障，还满足了人们精神上的"奢求"。李笠翁说："眼界观乎心境，人欲活泼其心，先宜活泼其眼。"（《闲情偶寄》）中国建筑与造园讲究"借景"，自然景观收敛在窗的"画框"中，屋宇似乎也有了"生命"，人活在其中，才不枉从"生

a. 浙江永嘉苍坡村某宅直棂窗　　　b. 北京故宫皇极殿前檐

c. 浙江南浔小莲庄刘氏家庙建筑前檐

图1-3 窗：建筑等级制的体现要素之一

图1-4 苏州网师园殿春簃窗景
窗外的景致像镶嵌在框子里的画，供人欣赏。窗在满足人们纳光通风的同时，还给人以精神享受。窗子能够沟通内外，物我交流，真可谓屋宇之睛！

物人"成长为"社会人"。古诗词中有关词句颇多，不妨列举一二：

> 窗含西岭千秋雪，门泊东吴万里船。（杜甫）
>
> 窗前远岫悬生碧，帘外残霞挂熟红。（罗虬）
>
> 娱人可爱当窗树，留客遥看雨后山。（朱天欣）
>
> 檐飞宛溪水，窗落敬亭云。（李白）
>
> 窗中列远岫，庭际俯乔本。（谢朓）
>
> 窗，聪也；于内窥外，为聪明也。（刘熙《释名》）

文学作品中，人们总将眼睛比作心灵的窗户，不但从中可见人容颜之"精神"，还可透过它窥见人的内心活动。我们不妨将建筑拟人化，将屋顶视作冠冕，屋身可谓其容颜，通风纳光，物我交流，容颜点睛之笔的窗无疑便是"房屋的眼睛"。

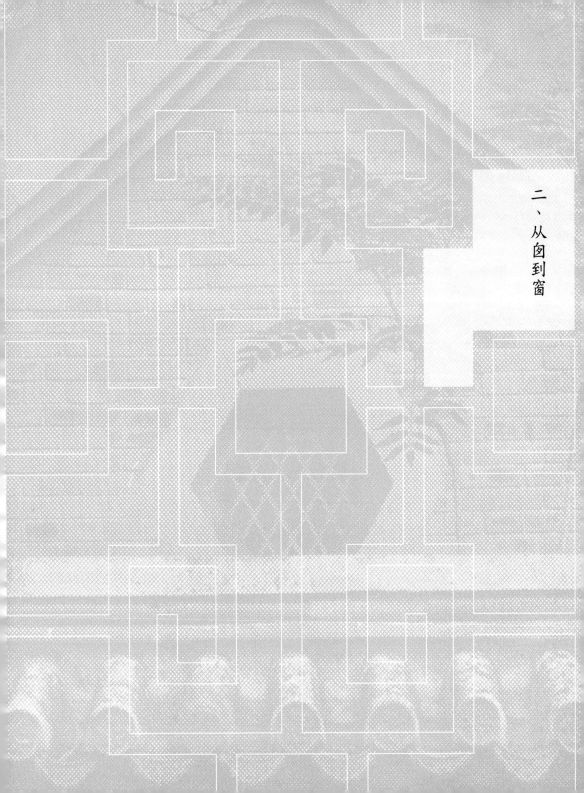

二、从囡到窗

图2-1　西安半坡F21圆形穹庐复原模型

窗源起于远古穴居屋顶排除室内烟火的"囱"。当时的穴居还只是人的生存空间，如同鸟巢兽窠，不过是御敌兽、避风雨的地方。

　　说来也许会令人惊讶，最早的窗并不是在墙上，而是在屋顶上，既像现在的天窗，又是排烟的洞口，远非我们今天所理解的窗。从人类祖先走出天然洞穴，到出现地面建筑的雏形，其间经历了漫长的岁月。从遗址推测，大约经历了由原始横穴，过渡为袋状竖穴，进而为半穴居，最后上升为地面建筑的历史进程。在半穴居之前，屋顶与墙尚未分离，为了排除室内篝火产生的烟熏，就在屋顶留了个洞口，西安半坡遗址F21复原模型为我们展示了远古房屋的大致风貌。可见当时的建筑只是人们能够安全睡觉的地方，排除烟火，远比采光更为重要。殷商甲骨文象形文字称其为"囱"。这种屋顶洞口，在现在的蒙古包等游牧帐篷式建筑中还可见到。

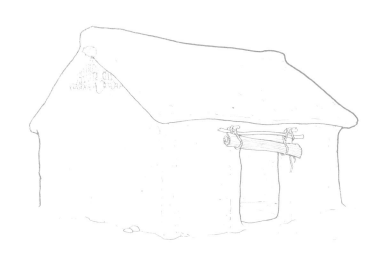

图2-2 西安半坡F24遗址复原图（引自杨鸿勋
《建筑考古学论文集》）/上图

图2-3 汉代陶屋/下图
从出土的汉代文物及现存汉代雕刻、绘画中推
测，汉代已有了支摘窗、直棂窗、漏窗等多种
类型，不过直棂窗最为普遍，而且一般都固定
在墙上。图为佛山澜石鼓颡岗出土的汉代陶
屋，可见山墙上"牖"的形象。

《说文》："在屋曰囱，在墙曰牖"。大约在距今五六千年前的母系氏族公社的中晚期，原始地面建筑已经出现，屋架已经发明，两坡顶形成，墙身与屋顶已明确分化，直立的墙体上架设倾斜的屋盖，留在穴居屋顶的"囱"也被移置到山墙顶端而称为"牖"。从西安半坡F24遗址复原图中即可看出地面建筑之初有关"牖"的形象。"十牖毕开不若一户之明"（《淮南子》），说明汉以前室内采光，户的作用比牖大，牖应该是很小的洞口，在出土的汉明器中，我们果然见到了小小的"牖"的形象。后来山墙顶端的"牖"并未完全消失，有的演变为专司通风的孔洞。如山西大同华严寺海会殿，悬山下设有通风窗，既防雨淋，又有效利用风压。各地民居也常在山墙上设置形态各异的通风窗。

a  图2-4a,b 各地民居山墙上的"牖"——通风窗

b

牖虽移到山墙顶端，仍不是今天我们所理解的窗，它除为室内透光通风外，还要排除室内灶膛的烟气。只有专司排烟的烟囱出现后，才有可能使"牖"脱离顶部排烟的束缚，从山墙端移到墙体前檐，出现了我们所理解的窗。除采光通风外，还以适宜的高度，为人们平视室外自然景观提供了方便。

中国的木构架建筑保存不及砖石建筑容易。现存最早的木构架建筑实例，是山西五台山南禅寺大殿，建于唐建中三年（782年）。对于早期建筑的考证，除发掘遗址并作科学分析与推测外，我国大量的历史文献，历代无数的铜器和漆器的装饰图案，墓室画像石、明器、雕刻、绘画等，从侧面为我们提供了翔实的佐证。

西周铜器和战国木椁上已出现带十字格或方格的窗的形象。在汉明器中，已经出现了多种类型的窗：广州龙生岗4015号、大元岗4022号东汉前期墓所出土的陶屋上，出现过支摘窗；院落围墙漏窗在汉明器中也有展现；四川彭县出土的画像石中粮仓设有通风孔、横披窗。不过由汉至唐千余年间，直棂窗最为普遍。汉代陶屋、陶楼、画像石等出土文物为我们展示了当时的直棂窗的一些特征：窗形以长方形居多，也有方形、圆形出现；窗子一般固定在墙上，尚不能开启；普通窗子多装直棂，讲究的窗子则装格子窗棂，以斜格贯连小圆环者，称为"琐文"；以斜格贯连菱形者，有人推测为绮寮，又名"绮疏"。此外，横棂、

窗

1. 天窗（四川彭县画像砖）　4. 直棂窗（徐州汉墓）

2. 直棂窗（四川内江崖墓）　5. 锁纹窗（徐州汉墓）

3. 窗（汉明器）

a 汉代窗的形象

门窗　　版门及破子棂窗，门窗框四周加线脚　　直棂格子门　　　　　乌头门，上段开直棂窗

　　　　（登封县会善寺净藏禅师墓塔，盛唐）　（李思训《江帆楼阁图》，唐代）　（敦煌石窟壁画，初唐）

b 唐代窗的形象

 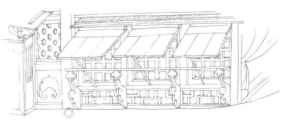

门窗

落地长窗　　　　格子门　　　　　　　　格门、阑槛钩窗

（《华灯侍宴图》，宋代）（涿县普寿寺塔，辽代）　（《雪霁江行图》，宋代）

c 辽宋时期窗的形象

图2-5 汉代至宋代各历史时期窗的形象图

（引自刘敦桢《中国古代建筑史》）

图2-6 山西五台山佛光寺大殿

山西五台山佛光寺大殿始建于唐大中十一年（857年），面阔七间，五间双扇木板门及两扇直棂窗，为我国古建筑最早的木装修遗存。

网纹等棂子式样也出现在汉明器中。魏李宪墓出土陶屋，外墙有全用板棂安装，两侧各装门一道，板棂下半部是横棂三根，上半部直棂六根，这是隋唐窗下木板壁的前身。隋、唐、五代时期，直棂窗仍是建筑通用窗式，尚不能开启。"唐代盛行直棂窗，而初唐时期乌头门的门扉上部亦装有较短的直棂，据唐末绘画所示，这时的隔扇已分上、中、下三部，而上部较高，装直棂，便于采纳光线。唐咸通七年（866年）所建的山西运城县招福禅寺和尚塔已有龟锦纹窗棂。到五代末年的虎丘塔，又发展为花纹繁密的球纹。"山西五台山佛光寺大殿使我们对唐代直棂窗有了直观的认识。其上五间双扇大板门及两间直棂窗，均为建筑同期遗构，是迄今为止，我国古建筑最早的木装修实物。有关唐代直棂窗的形象特征，从陕西乾县唐懿德太子墓壁画等绘画作品中也可窥一斑。

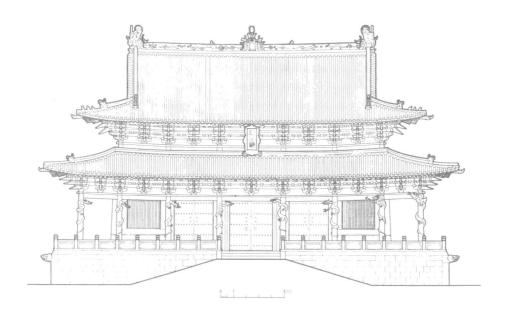

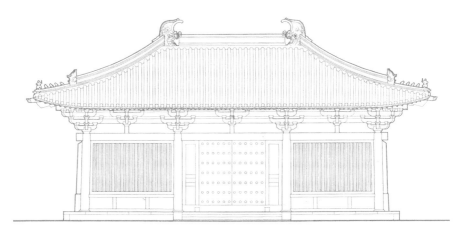

图2-7 山西太原晋祠圣母殿正立面图（引自
《中国古代建筑技术史》）/上图
圣母殿建于北宋天圣年间（1023—1032
年），为宋代建筑代表作，其建筑形制与门窗
均保留宋式模样。稍间为直棂窗。

图2-8 河北蓟县独乐寺山门正立面图（引自
《中国古代建筑技术史》）/下图
独乐寺山门和观音阁是中国现存的几处辽代建
筑中的珍贵实例。独乐寺山门面阔三间；进深
四间；两次间为直棂窗。

宋代《营造法式》中，介绍过破子棂窗、睒电窗、板棂窗、栏槛钩窗四种类型。其中睒电窗无实物留存下来，栏槛钩窗实质是外施栏槛，内装格门的槛窗，所以破子棂窗和板棂窗仍是当时的通用类型。从宋、辽、金、元时期的古建筑实物来看也是如此。重建于北宋天圣年间（1023—1032年）的山西太原晋祠圣母殿，面阔七间，进深六间，四周施围廊，殿正面明、次三间双扇大板门，梢间为直棂窗；河北蓟县独乐寺重建于辽统和二年（984年），现存观音阁与山门是辽代原物，山门面阔三间，两次间均为直棂窗；不过从现存实物及宋画中不难发现，宋代窗式对比唐代已有较大发展。宋画《华灯侍宴图》中出现了落地长窗；宋画《雪霁江行图》为我们展现了栏槛钩窗的风貌；山西朔县崇福寺（金代）弥陀殿窗棂有富于变化的三角纹、古钱纹、球纹等槅心花纹；山西侯马金代董氏墓砖刻隔扇及其他出土墓砖刻中槅心式样非常丰富，菱花、球纹变体、龟纹十字锦、"卍"字纹、柿蒂纹、簇族填华、"亞"字等多种图式已经出现。建筑隔扇上多用横披窗，如河北涞源县阁院寺文殊殿，横披窗棂格式样丰富，有六七种之多，对称布置，虚实得当，重点突出，堪称辽金小木作技术的上乘之作。

窗的缓慢发展，除了受木工技术影响外，还长期受到封窗材料的制约。汉代糊窗纸尚未使用，冬季为御风寒，多将窗户堵塞。西汉发明的纸，大约在唐代才用于糊窗纸。冯贽《云仙杂记》中说："杨炎在中书后阁，糊窗用桃

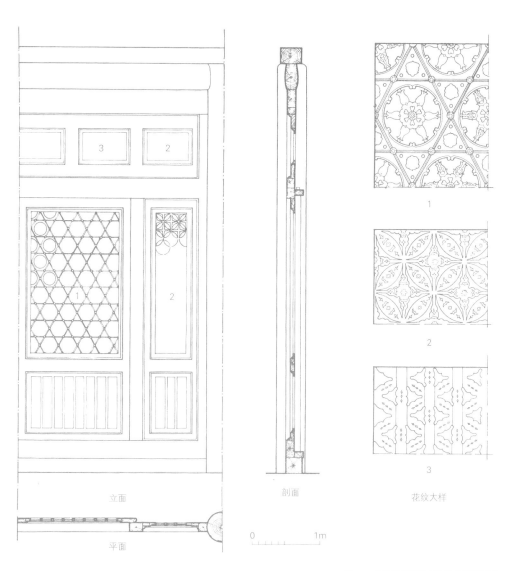

立面

剖面

花纹大样

平面

0　　　　　　1m

1

2

3

图2-9 山西朔县崇福寺弥陀殿隔扇详图
（引自刘敦桢《中国古代建筑史》）

花纸，涂以水油，取其明甚。"直到近代，民间还在窗纸上刷桐油或喷生油，以增加窗纸的防水性能与透明度。纱也很早就被选用来封窗，比纸有更好的韧性，强度高，透光、透气性能更佳，不过其成本不低，不能普遍使用。古文献中多有近似玻璃物质的记述。《西京杂记》中曾有这样的话："昭阳殿窗户扇多是绿琉璃，皆通明，毛发不得藏焉。"广州越王墓曾出土过十几块蓝色平板玻璃。现有古建筑实物中，个别有用云母片及贝壳加工品的，绝非一般人家所能享用。真正使用玻璃实物最早的，是清代乾隆年间北京宫殿的窗户。玻璃大量用于建筑门窗，是清末以后的事。清代光绪年间，山东传山成立玻璃公司，聘请外人制造玻璃，这是我国生产平板玻璃的开始。玻璃的推广使用，不但大大增加了窗的透明度，显著改善了室内采光条件，还突破了长期以来的密棂做法，是窗发展过程中质的飞跃。

图2-10　河北涞源县阁院寺
文殊殿横披窗
宋辽金时期，建筑窗式对比
唐代有较大的发展。虽仍以
直棂窗为通用形式，但类型
增多，做工更趋精巧。图为
河北涞源县阁院寺文殊殿前
檐横披窗，棂心式样丰富，
对称布置，虚实得当，重点
突出，为我们展示了辽金小
木作技术的精巧风貌。

图2-11 北京故宫倦勤斋前檐局部

明清时期，传统建筑窗的发展是历史上最显著的阶段。槛窗、支摘窗取代直棂窗成为通用窗式，并且窗的制作工艺与构造达到了高度成熟水平。尤其是清中叶以后，玻璃在建筑中的使用，在显著提高采光质量的同时，槅心式样突破了沿袭千年的密棂做法，建筑外檐通透疏朗，令人耳目一新。图为北京故宫倦勤斋前檐局部，门前槅心使用玻璃封窗，棂格图案为灯笼框与步步锦形式。

窗

从
囱
到
窗

筑境
中国精致建筑100

中国传统建筑在明清时期走向高度成熟，装修形态更趋完善、丰富、细腻，甚至在晚期同治、光绪年间走向繁缛。明清时期，窗的进步是历史上最显著的，将窗的工艺、构造、类型、式样都推向了极致。长期居于历史主导地位的直棂窗已"失宠"，退于库房、厨房等次要房屋上，槛窗、支摘窗取而代之，步入主流。对比直棂窗，它们构造合理，使用简便，式样华丽，棂心花式异常丰富。清中叶后，玻璃的使用，在显著提高采光质量的同时，灯笼框等新的棂心式样出现，突破了历史上沿袭千年的密棂做法，将通透疏朗的形式，带到建筑外檐中。

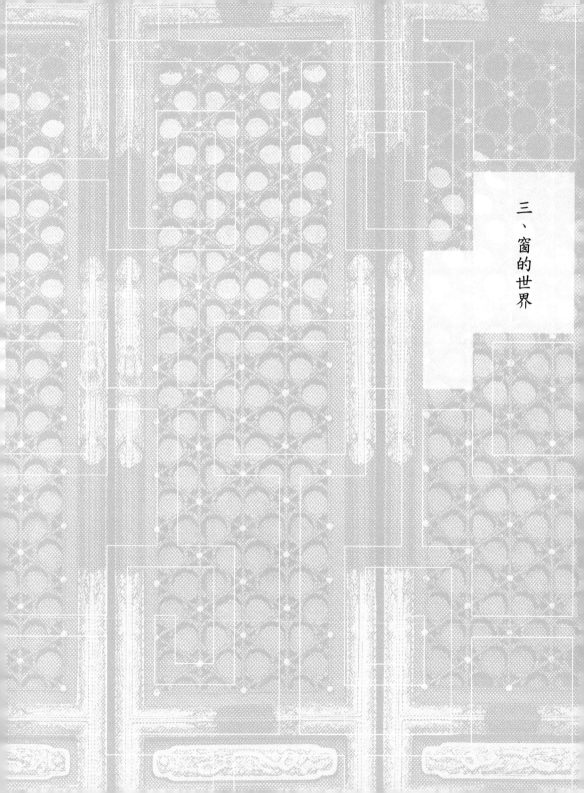

三、窗的世界

追寻窗的发展变迁足迹，呈现在我们面前的是一个五彩缤纷的世界：宫廷的、民间的；建筑的、园林的；屋舍的、院墙的；墙身的、屋顶的；木构的、石筑的、砖砌的……可谓林林总总，不一而足。不过就窗的基本形态而言，不外乎以下几种：

1.直棂窗

直棂窗是出现最早的窗式之一，并且是宋代以前通用的窗式。从汉明器、六朝石刻、唐代壁画、辽宋砖塔及宋代画卷中常可见到它的踪影。山西五台山唐代佛光寺大殿（857年）的两间直棂窗，与大殿均属唐代遗构，是现存最早的我国木构架建筑装修实物。直棂构造简单，一般安在砖槛墙、土坯墙及夹泥墙上，先

图3-1 山西五台山南禅寺正殿次间破子棂窗

用木枋做框，将棂条按一定间隔竖直排列（历史上还曾出现过横棂窗），固定于窗框之上，形如栅栏，简朴无华。宋代《营造法式》中的破子棂窗就属此类。其做法是将一方棂沿对角线一破为二，棂条横截面呈三角形，尖端朝外，利于纳光；平端面里，便于糊纸。此外，板棂窗出现得更早，即棂条断面为矩形的一般板条。无论破子棂窗还是板棂窗，每扇窗户用棂条7—21根不等，多为奇数。如果棂条过长，在中间加一段承棂串，早期做法是将承棂串做出卯眼，棂条穿插通过；后期做法是将承棂串和棂条相交处各去一半咬口衔接。清代"一码三箭"即属此类。为防止棂条过长、稳定性差，在棂条的上、中、下三段各施以水平棂条三根，在增强稳定性的同时，外观得以改

图3-2 北京故宫保和殿西库房直棂窗

北京故宫保和殿西库房直棂窗，是典型的清代"一码三箭"做法。为防止棂条过长、稳定性差，在棂条的上、中、下三段各施以水平棂条三根，既利于窗的构造稳定，又改善了窗的外观。

善。直棂窗在唐宋以前颇为盛行，使用普遍，至明清则备受冷落，只用于库房、厨房、杂役等次要建筑上。

2.槛窗

至迟在唐末、五代，出现了隔扇，宋代称"格子门"。隔扇的出现，改善了采光，开启便利，并利于前檐装修格调统一。宋《营造法式》中，曾列举了板门、乌头门、格门、软门，并介绍了四斜球纹格眼、四直方格眼两种棂心。涞源县阁院寺文殊殿、崇福寺弥陀殿为我们展现了辽金时期隔扇原貌。简单说来，隔扇大体可分为棂心、绦环板与裙板三部分。棂心位于隔扇上部，由通透、漏明、变化无穷的棂花组成；中部是狭长的绦环板；下部为防碰撞，采用实心的裙板。视开间大小，采用4、6、8扇等不同形式，一般视需要中间开启，两侧固定。宋以后，逐渐成为运用最广泛、式样最多的前檐门窗或内部隔断。

图3-3 北京故宫库房前檐
此窗为清代"一码三箭"做法。

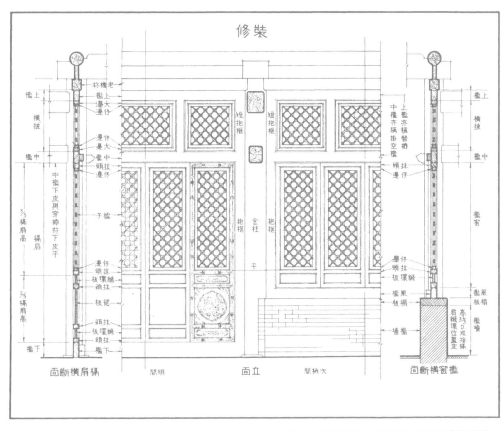

图3-4 槛窗构成图 （引自梁思成《清式营造则例》）

图3-5 北京故宫槛窗

在所有窗式中，槛窗等级最高，多用于重要建筑或建筑组群主殿上。此窗的棂心为三交六椀菱花，也是等级最高的。

谈槛窗而言隔扇，是因为槛窗从形态构成到具体做法，与隔扇上部完全相同，两者的区别仅在于将隔扇的裙板去掉，安装于槛墙之上，即为槛窗，北方用槛墙，南方用木板壁，而且在大多数情况下，槛窗与隔扇一同使用，裙板以上两者整齐划一，建筑前檐装修自然形式和谐，格调统一。

窗的等级从高而低依次为槛窗、支摘窗、直棂窗。槛窗作为窗的等级之首，自然多用于宫殿、庙宇等尊贵建筑上，并且在建筑组群中，多用于主殿。槅心图案也相应有等级规定。北京故宫槛窗棂心采用三交六椀菱花图案，等级最高。其实，园林及宅第中也常用槛窗，可以说，槛窗是最常见，运用极广的窗式之一。一般视开间大小，每间设置2—8扇不等，均为偶数，多向内开启。槅心变化最为丰富，构造精巧细腻，图案繁复秀美。常见的有菱花、球纹变体、柿蒂纹、龟纹、步步锦、"卍"字纹等。

a. 山西皇城相府槛窗

b. 苏州留园槛窗

图3-6 槛窗

将隔扇的裙板去掉，安装于槛墙之上，南方多
用木板壁，即为槛窗，所以隔扇上部与槛窗完
全相同，两者一同出现在建筑外檐上，形式和
谐，格调统一。在住宅和园林中也常见到。

3.支摘窗

　　顾名思义，支摘窗即可支可摘，南方又称"合和窗"。支摘窗的独特之处在于，由上、下两扇组成，上扇可以推出支起（有的地区支摘窗上扇向内支起），下扇可以摘下，方便实用，分格美观。分段支摘，可谓匠心独运，既符合构造要求，又适于日常使用。我们可以设想，若将整个窗支起，不仅不堪重负，而且有碍窗前通行，不利调节采光通风，看上去也不会美观。此外，当上部支起时，下扇可屏蔽视线，使室内空间留有一定程度的私密性；当夏季酷暑时节，可将下扇摘去，上扇又可支起，会大大改善通风条件。

　　正因为支摘窗构造合理，使用简便，调节灵活，住宅建筑使用支摘窗最为广泛，此外，园林及宫殿、庙宇次殿等也大量使用。南北方支摘窗分格比例大不相同，典型的北方支摘窗在槛墙正中立间柱，每间设两扇支摘窗，上、下两段支摘扇等高，比例约为1：1，舒展大方；典型的南方支摘窗，每开间设立间柱二三根，横向分为三四段，上、下也分为三段，有的在下段再加一根分心小柱，更显精巧细腻，支摘扇高比例约为2：1或3：1。

　　同槛窗一样，支摘窗的槅心变化莫测，异彩纷呈。清中叶尤其是清末以后，玻璃在中国建筑中逐步推广使用，支摘窗有的下段镶嵌玻璃，上段糊纸，灯笼框也随之成为最常见的形式。此外如步步锦、龟背锦、"卍不断"、盘长纹等也较为常见。在以后的章节中还要介绍北方地区如山西大同等地，民间还有贴窗花的习俗，家庭主妇妙手利剪，刻画出栩栩如生的精美画面，表达了人们祈盼吉祥的美好愿望。

4.横披窗

横披窗同直棂窗一样，是最古老的窗式之一。在汉明器中就有反映，直到明清乃至现代，仍然常见。这是因为门窗不能太高，否则材料构造难以承受，使用也不方便，所以在隔扇或槛窗、支摘窗之上，装置呈横长形的横披窗，固定于槛框之上。要说横披窗的历代演变，主要不外乎棂心变化，往往随其下前檐主体门窗同步，同隔扇或槛窗、支摘窗格调统一。一般说来，每开间横披窗分为三段，若用于室内，则多做成二、三、四、五、六段不等，以求室内精巧氛围，并使空间尺度和谐，比例恰当。

5.其他类型窗

以上简单介绍了传统建筑中常见的窗，也可称为窗的基本形态。此外，还有其他类型的窗，如常见的还有推窗，又称"风窗"。在北方寒冷地区，为御寒保暖做两层窗户，白天将外层支挂起来，晚上再放下。在一些富贵的大户人家，还在这种窗的内层里边装置木板，可以像门似的随意开关。

浙江一带民居还采用一种中轴转窗。如浙江湖州民居采用中轴转窗，可成片组合，开关

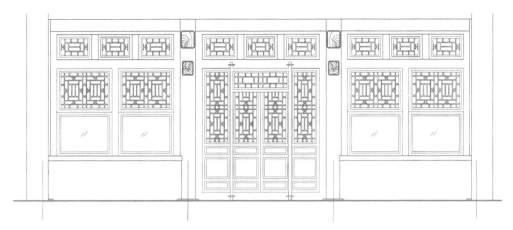

图3-7 北方支摘窗（引自马炳坚《北京四合院建筑》）

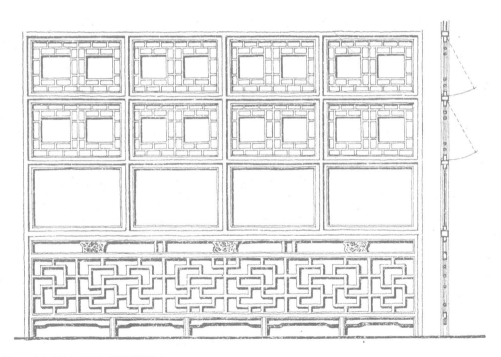

图3-8 南方支摘窗（引自《浙江民居》）

图3-9　浙江南浔小莲庄某宅支摘窗/上图

由图可见支摘窗的构造特点，采用上支下摘。图中为南方支摘窗，上下分为
三段，精巧细腻。南浔小莲庄窗槅心棂格颇具特色，多采用扇面、动植物、
汉字等图案。

图3-10　北京北海团城承光殿前檐局部/下图

图中为我们展示了槛窗与横披窗构成的统一整体，形式和谐而又不乏变化。
一般说来，每开间槛窗、支摘窗横向分格均为偶数，横披窗则多分为三段。

图3-11 新疆民居檐廊/上图

为防寒及防御的需要，有些地区在窗内或窗外再做一层护板，白天开启，晚上关闭，又称"推窗"或"风窗"。图中可见新疆民居中的窗外护板。

图3-12 浙江湖州民居垂直轴转窗图（引自《中国古代建筑技术史》）/下图

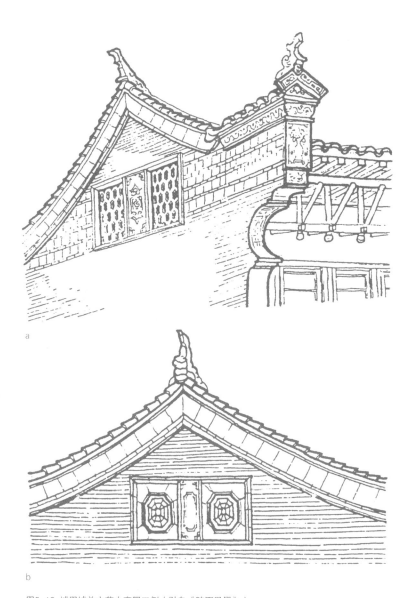

a

b

图3-13 城固城关山花小窗图二例（引自《陕西民居》）

非常方便，可视气候变化，灵活调节开口方向大小，随意调节风流路径，有效控制光与气流的进量与方向，很像现代的垂直型百叶。为改善屋顶通风效果，有的地区在悬山檐下，硬山山花及歇山顶山花设有通风窗孔，可谓古代"牖"的遗物。如陕南汉中、安康等地常在硬山山花上设小窗，用于阁楼通风采光，多用黏土烧制。因山墙有中柱贯顶脊檩，所以小窗需在中柱两侧成双对称布置，形式有圆形、扇形、六角形、八角形、菱形等，镶有砖砌边框，并镶以雕花砖，窗棂图案秀美，构造精巧，成为山墙重点装饰。

我国是一个幅员辽阔、民族众多的国家，各地区、各民族传统建筑存在着显著差别。少数民族建筑呈现出不同的窗式，为百态千姿的窗的世界，增添了奇异的光彩。仅就这里所介绍的藏族建筑及其窗式，便可见一斑。

藏族传统建筑外观封闭，敦厚质朴，形体多有收分。建筑窗式多为长方形，较内地建筑窗用材少；为御严寒及风沙，窗多固定，窗上设小窗为开启部分。藏族习俗以黑为贵，门窗靠外墙处都涂成上小下大的梯形黑框，突出墙面，与建筑形体同为"梯形母题"，颇具特色，成为藏式及喇嘛教建筑特征之一。门窗上端檐口有多层小椽逐层挑出，承托小檐口，上为石板或阿嘎土面层，利于遮挡高原强烈的阳光直射，并有防水之用，同时不失为一种奇妙的装饰构件。此外，藏族寺院、经堂还有采光天窗、高侧窗、角窗等不同窗式，达到了相当成熟的地步。

图3-14　西藏拉萨布达拉宫局部外观/上图

西藏建筑中的窗同其主体建筑一样颇具特色，门窗靠外墙处涂成上小下大的梯形黑框，突出墙面，门窗上端檐口多有出挑护檐，装饰效果非常突出。

图3-15　青海藏族寺庙建筑/下图

藏族寺庙中，顶部多置金轮、禅兽。厚厚的房屋墙壁一般都用较小的双层窗，檐口上部多层小椽逐层挑出。

四、特殊的窗

浏览窗的世界，查阅窗的"家谱"，使我们了解了窗家族的分支概况和常见的窗式及少见的其他类型。其实，我们所介绍的不过是通常意义上的窗，或者说窗的主体类型，在窗的家族中，尚有许多特殊的分支：如天窗、假窗、空窗等。

有关窗的发展历程的回顾，使我们知道，天窗可称为最早的窗式。自囱到牖，从牖到窗，反映了窗的发展大致进程。古代"囱"主体早已演变为窗，"囱"却没有完全消失，一方面演变为"烟囱"，专司排除灶内烟火，而不殃及室内；另一方面演化为天窗。其实，我们今天仍可看到"囱"的形象——蒙古包的天孔。"逐水草而居"的游牧民族，用轻体木骨架、毡片、驼绳三种材料，做成帐篷式毡房，随时可以拆移。每当转移草场时，只需一辆或几辆"喇喇车"，即可将"住宅"迁走。蒙古包为直径约4米的圆形，构造非常简单，先将基地作简单处理，而后固定用沙柳编成的可收拢、张开的活动网片，作为外部及顶棚骨架，屋顶以"套脑哥拉"为中心，直径1.2米范围绑扎细椽子，成为一个大的伞盖，用驼绳绑扎固定，架天孔架，挂外墙及顶部毛毡。天孔架是直径1.2米，类似于船舱的木架子，预先做好，白天敞开，采光通风；夜里将天布放下，盖住天孔，以防风寒。蒙古包的天孔真可以看作"囱"了。其他民族建筑也有类似的"囱"，如四川羌族碉楼较少在墙上开窗，而在屋顶留出小孔来采光通风；藏民碉房中也可见到这种处理方式。

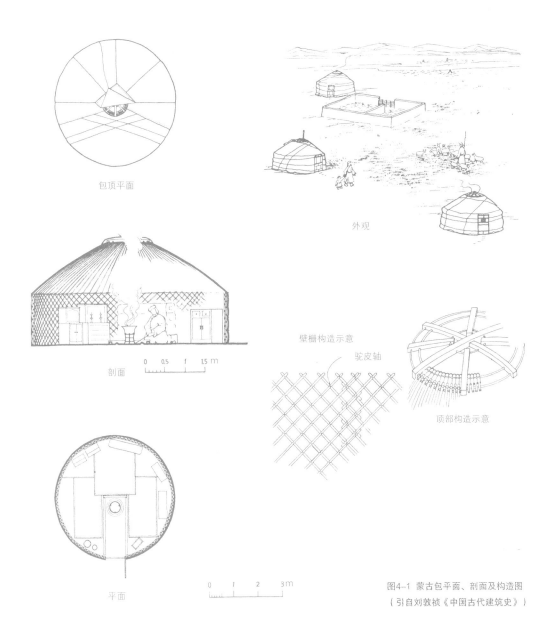

包顶平面

外观

剖面

0 0.5 f 1.5 m

壁栅构造示意

驼皮轴

顶部构造示意

平面

0 1 2 3m

图4-1 蒙古包平面、剖面及构造图
（引自刘敦桢《中国古代建筑史》）

汉代《鲁灵光殿赋》中曾有"天窗绮疏，发秀吐荣"的词句，说明至迟在汉代就已经出现了有别于"囱"的天窗了。西藏、新疆、甘肃、内蒙古等地喇嘛教寺院的经堂中，常运用高低天窗组合屋顶，来解决采光通风问题，并有效地利用这种微弱的顶光烘托神秘的宗教气氛。西藏拉萨大昭寺经堂内部空间直通屋顶，利用升高的高侧天窗和高屋空隙采光、通风。密密的重彩藏式的方柱，条条的多彩绸缎经幡，笼罩在昏暗中，只有微弱的顶光投在色彩绚丽的天花上，宗教"天国"的森严、神秘之感油然而生。甘肃夏河拉卜楞寺，建于清康熙四十八年（1709年），寺中闻思学院由庭院、前院、经堂和佛殿所组成。经堂规模宏大，可

图4-2 西藏大昭寺经堂内部景观

在各地的喇嘛教寺院经堂中，因为经堂面积大，正常墙面采光不足，多利用升高的高侧天窗和高屋空隙采光、通风，并成功地利用这种微弱的"天光"烘托出神秘的宗教气氛。图为西藏大昭寺经堂内部，包裹的方柱，下垂的经幡多彩而凝重，在微弱的天光中充溢着浓烈的神秘气氛。

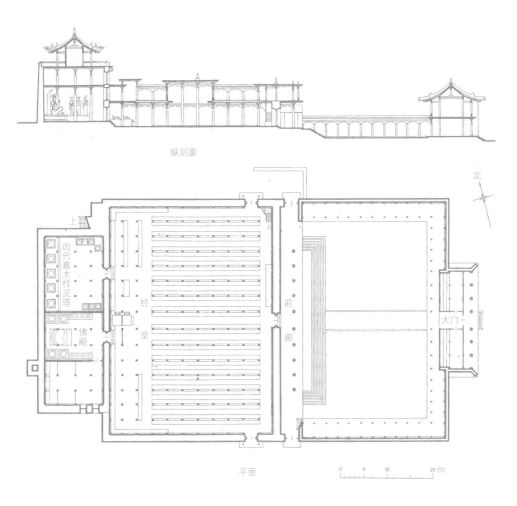

纵剖面

平面

北

上

历代嘉木样灵塔

佛殿

经堂

前廊

大门

0　5　10　　　20 m

图4-3　甘肃夏河县拉卜楞寺闻思学院经堂平面、剖面图（引自《中国古代建筑技术史》）

容纳4000喇嘛念经，为解决大面积采光问题，将中间三跨的平顶升高一层，升起部分四周侧面作垂直天窗，与现代工厂垂直天窗可谓同出一辙。

新疆南部喀什、和田等地气候干燥少雨，缺少林木，自古采用一种称作"阿以旺"的住宅形式，外观封闭，一般不开侧窗。"阿以旺"维吾尔语意为"明亮的处所"。其布局特点是以名为"阿以旺"的大厅为中心布置居室。大厅较高，约3.5—4米以上，面积较大，内部木柱、木檩上架密排的木椽，中心几个内柱之间升高，用高侧天窗采光、通风。天窗高40—80厘米，用木栅（直棂）、花棂木格扇或漏空花板作窗扇。"阿以旺"中间升起部分若面积过小，则称为笼式"阿以旺"（开攀斯阿以旺）。各居室也多用小天窗采光。而吐鲁番地区的土拱住宅，则在居室顶部留天窗。

塔是伴随佛教传入中国的，最初出现于三国时期，经发展，其形制、功能、外观形象、结构方式乃至表达语意完全"中国化"，与其原型印度塔大相径庭。塔成为中国传统建筑主要类型，成为一方水土的独特的标志物。由于受传统木构架的影响，早期的塔以木构楼阁式为主，后期则以砖塔居主流。木塔易遭火毁，保存难久；砖塔易保存，但结构有薄弱部位，一是檐部容易剥落残缺，二是门窗洞口造成了墙体断面削弱。所以门窗洞口位置、大小就要有所限制，尤其是建筑楼阁式塔，从结构稳定性出发，自然是窗洞开得越少越好，但这样会造成外观封闭呆板而缺乏生气。人们往往还依恋旧有形式，所以砖构仿木形

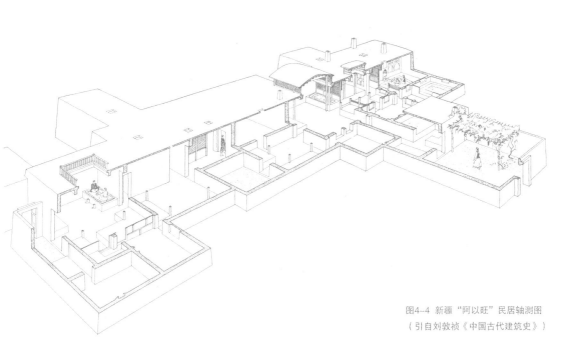

图4-4 新疆"阿以旺"民居轴测图
（引自刘敦祯《中国古代建筑史》）

图4-5 新疆"阿以旺"民居天窗

为抵御干热气候的侵袭，在新疆南部自古采用一种称为"阿以旺"的住宅形式，住宅外观封闭，一般不开侧窗，称为"阿以旺"的中心大厅上部升起，用高侧窗来通风、采光。

图4-6 河南登封嵩岳寺塔/对面页

砖塔中设假窗，既改变了砖塔封闭呆板的外观形象，又不影响砖塔的结构稳定性，所以成为砖塔普遍运用的设计手法。图为河南登封嵩岳寺塔，是现存最早的密檐塔实例，塔身以上用叠涩做成10层密接的塔檐，每层檐之间只有短短的一段塔身，每面各有一个小窗，多数为假窗。

式在我国较为普遍，所以塔中产生了假窗，又称"盲窗"，既避免了结构受损和楼梯影响，又保障了外观形象。假窗也就成为砖塔普遍应用的手法之一。河南登封嵩岳寺塔是现存密檐塔的最早实例，建于523年（南北朝），平面呈十二边形，高15层，塔身中部分为上下两段，四个正面有贯通上下两段的门，其余八个面下段为光素的砖面。上段各砌出一个单层方塔形壁龛。塔身以上，用叠涩做成10层密接的塔檐，每层檐之间只有短短的一段塔身，每面各有一个小窗，但多数仅是窗形做成假窗，并不采光。假窗的运用既无碍整体造型，又深化了细部，塔整体轮廓用和缓的曲线组成，挺拔而秀丽，是优秀的密檐塔的代表。

在塔身窗洞口两侧，还往往砌出一种小方洞，用以供祀佛像的叫"佛龛"，燃灯的叫

"灯龛"。后来这种壁龛还用于室内之中。佛龛是否源起于窗（假窗）无从考证，但也不妨视为窗的变体。在新疆、甘肃、宁夏等地伊斯兰教礼拜寺及清真寺建筑中，常常见到这种壁龛。在平素同一材料中，将相对封闭单一的墙面做成尖型拱券壁龛。同一尖拱母体有韵律地排列组合，可谓虚实得当，相得益彰，成为伊斯兰建筑标志之一。

在石窟中，我们还可看见更为原始的窗式——只留孔洞不安门窗。用在园林中，被称为"空窗"，与漏窗、通花墙等广泛应用，经营景观，掩瑕露瑜，十分活跃。

五、巧于因借

"开窗莫妙于借景"（清代李渔《闲情偶寄》），窗在中国园林中显得非常活跃，不但要有效组织通风，纳光透明，装点景观，还担负起"借景"的重任，成为园林景观组织经营的主要道具之一。"俗则屏之，嘉则收之"（明代计成《园冶》），筑墙以分界避陋，开门窗以通透纳景，洞窗、漏窗、风窗……在园林中各司其职，在流动的空间中，为我们精心展示了一幅幅动人的画面。

1.洞窗

又称"空窗"，与园林中洞门处理方式一样，既无窗扇、门扇，又无窗框、门框，而只有一个个窗洞、门洞，《园冶》中称"窗空、门空"。江南园林园墙多为白色粉墙，洞窗有两种做法，一是窗口不加任何处理，仍为粉框素白无边，自然、淳朴；更多的则在门窗口砌一圈宽3厘米的清水磨砖边框，形象明晰，典雅精致。《园冶》中称为"皮条边"，至今在

图5-1 苏州留园游廊景观

"园林巧于因借，精在体宜"，筑墙以分界避俗，开窗以通透借景，窗在园林景观经营组织中起着非常重要的作用。图中游廊蜿蜒曲折，庭院水静木荫，复廊墙上洞窗恰到好处地展示另一庭院景致，引人前往；若即若离的漏窗若隐若现地披露出墙外世界别有洞天。

图5-2 苏州网师园云窟月亮门

窗　巧于因借

筑境　中国精致建筑100

a

b

图5-3a~d 洞窗

洞窗又称"空窗"，只是墙上开的一个窗洞，无扇无框，通常在窗口砌一圈宽3厘米的清水磨砖边框。洞窗与某一景物相对，有如画框，是园林中借景的主要手法之一。洞窗形状多样，常见有方形、长方、长扁八方、扇面、汉瓶等。

a. 杭州郭庄长方洞窗

b. 苏州留园八方洞窗

c. 苏州拙政园"与谁共坐轩"扇形洞窗

d. 浙江嘉兴烟雨楼长扁八方洞窗

民间或园林中尚有应用，如"月亮门"、"月亮窗"。这样的处理，使洞窗、洞门与某一景物相对，形成框景，如一幅幅画框；位于复廊隔墙上的，往往尺寸较大，多做成方形、矩形等，内外通透、融合。洞窗的形式多变，在灰白墙上，点缀着式样各异、雅致秀美的窗，为园林增添了几分活力与生机，并成为可欣赏的景观。《园冶》中曾列举门窗图式三十一种，现存江南私家园林中，我们尚可见到样式繁多、造型秀美的窗式，方形、长方较为普遍，并且有扁方、长扇八方之类。另外还有《园冶》中所谓的"六方式"、"八方式"、圆光或称"圆月"的"月窗式"等几何形。此外，还有许多自由式图案，如扇面、梅花、海棠、贝叶、汉瓶、葫芦及画卷式等。

洞窗在墙上连续开设，形状不同，称为"什锦窗"。什锦窗俗称"看墙"或"花墙"，常出现在北方民居与园林中。在北方民居前后院隔墙上形状各异的什锦窗，与华丽富贵、色彩艳丽、形象飞悬的垂花门相映成趣，为平素质朴的四合院带来了活力与欢快的气氛。有的在什锦窗内外安装玻璃和灯具，成为"灯窗"，白昼观景，夜里照明。北京颐和园廊墙上什锦窗多达数十个，在绿荫、白墙衬托下，有如在墙的舞台上轻歌曼舞；在安徽歙县廊桥上，也有类似的什锦窗。

洞窗图案样式的进一步演变，发展为一种形式更自由、更复杂的洞窗，实际上已接近漏窗，或可以看作不规则式或自由式漏窗。我

图5-4 北京颐和园"水木自亲"什锦窗/上图

洞窗在墙上连续开设，形状不同，称为"什锦窗"，又称"看墙"、"花墙"，在北方园林、民居中常见。图为北京颐和园"水木自亲"什锦窗，窗多达数十个，形态各异，形象活泼。

图5-5 安徽歙县大阜镇北岸村廊桥什锦窗/下图

们不妨称为洞窗和漏窗的过渡形态。如南翔古漪园自由式洞窗，花卉图案繁复，已与漏窗无异。而太仓半圆圆月窗内饰云纹透雕，无论称为洞窗或漏窗均应无异议；最为灵活洒脱的是南京愚园墙上洞窗组成了惟妙惟肖、栩栩如生的"蝴蝶和花"的图案，虽为洞窗手法，却为漏窗之形。真可谓匠心独运。

2.漏窗

又名"花窗"，《园冶》中称"漏砖墙"或"漏明墙"，是窗洞内设有漏空图案的窗，有的漏空较大，俗称"通花墙"。在南方民居与园林中常可见到，尤以园林更甚。在园林中，漏窗常见于白粉围墙，此外，还用于亭、廊、轩、榭等半开放空间的粉墙上，以及厅堂外廊转角粉墙上。漏窗棂花多采用瓦片、薄（望）砖、木材及琉璃等制作，在粉墙绿树、山石、碧水中，自然质朴、精巧典雅。漏窗历史久远，最早见于广州出土的汉明器中。漏窗有的用在院围墙上，有的出现在外檐墙和山墙上。漏窗的出现应首先源于南方地区改善通风的需求。封闭的院墙，满足了中国人传统防卫及内向心理需求，却阻挡气流，影响宅院内通风纳凉，而漏窗既可避免院内一览无余，又可组织气流通透，并成为一种非常美观的墙面装饰。如浙江绍兴鲁迅故居，围墙上部采用带形花墙，围墙中部是漏窗，在改善通风的同时，又美化了庭院环境。温州某宅院内隔墙，仅用于划分空间，所以不但高度很矮，而且花墙与漏窗所占墙面比例很大，可视为一面大花墙。

a

b

c

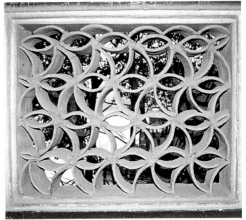

d

图5-6a~d 漏窗

漏窗，又称"花窗"，顾名思义，是窗洞内设有漏空图案的窗。它既能沟通内外空间，组织气流，又能观赏内外景致，装饰墙面。其若隐若现的效果，有"雾里看花"之妙。漏窗式样之多不在洞窗之下，其棂花材料多采用瓦片、薄（望）砖、琉璃、扁铁等。

a. 苏州耦园圆形漏窗

b. 苏州留园方形漏窗

c. 浙江诸暨古越台铁花窗

d. 浙江嘉兴烟雨楼乾隆诗碑游廊方形漏窗

a

b

c

d

图5-7a~d　杭州西湖三潭印月漏窗

漏窗花式非常丰富，繁简不同，各有妙趣。常见的有由直线、曲线或两者结合构成的几何图案。如菱花、条环、竹节、六方、八方等；也可见到更复杂的图案，如海棠、梅花、冰裂纹等，都是抽象的几何图案。还有一种写实的图案，用铁片、铁丝做骨架，用泥灰塑造出逼真的人物、花卉、虫鸟、山水等，寓意吉祥。这里展示的四幅漏窗花式就属于写实类图案。

a

b

c

d

图5-8a~d 花边风窗

风窗，《园冶》中又称"书窗"、"绣窗"，指用于书房、绣房而言，其实是园林建筑窗的别称而已。园林中亭堂楼榭窗式多变，形状各异，槅心图案，变化万千。常见有风窗式（花边空心）、冰裂纹、梅花式等多种。其中花边空心窗最为常见，空心疏朗通透，花边精致秀美，窗外景致迷人，颇有人间仙境之韵味！

a. 苏州网师园花边风窗；

b. 花边空心窗，分为两扇，均为矩形，花边槅心采用不规则图案；

c. 长沙岳麓书院御书楼东楼花边风窗，风窗为六方形，花边槅心图案为冰裂纹式；

d. 苏州狮子林花边风窗。

园林中的漏窗窗式之多不在洞窗之下，方形、圆形、六角、八角、扇面……均有所见。而更令人目不暇接的是漏窗花式变化无穷，繁简不同，各有妙趣。仅苏州一地据称就有千种以上，最为常见的是由直线或曲线或两者结合构成的几何式图案。《园冶》中就曾列有十六种图式：菱花、条环、竹节、十字、人字、六方、八方等。此外，还可见到梅花、冰裂纹、海棠等图案；更为复杂的是以上两种图案的重新组合，如十字加海棠花、冰裂纹加梅花。清代园林中还采用铁片、铁丝做骨架，用泥灰塑造出逼真的人物、花卉、虫鸟、山水等写实图案，寓意吉祥。另外，还有以几何图案做边框或背景，中间组织人物、花鸟及文字等写实图案的混合式构成。

在园林中，漏窗的装饰与借景功能无疑在通风采光之上。漏窗的窗式及花式本身就是一幅幅装饰品，在粉墙上，窗式多变，形态各异，排列错落有致：近看花式构图，繁复精美、玲珑剔透。直接临水的粉墙，饰以洞窗、漏窗、称为"水花墙"，巧妙地利用水中倒影，更添了几分动人的魅力。上海南翔古猗园水花墙加罩什锦灯窗，夜景倒影上下交辉，更富感染力。漏窗高度一般在1.5米左右，与人眼视线持平，透过精美的棂格，隐约可见窗外的景物。漏窗的漏景恰到好处，虚虚实实，若断若续，似隔非隔，如同身披轻纱的少女，多了几分诱惑，多了几分神秘。而洞窗与漏窗的结合，发展成一种花边空心类似风窗的漏窗（也可称"洞窗"）。周边花格如同带有花纹的镜框，中间空心展示的正是园林诗般的画境。

图5-9 苏州留园鹤所砖框花窗/上图

图5-10 苏州拙政园远香堂落地长窗/下图
厅堂是园林中的主体建筑，是园主宴请宾客及
家族活动的主要场所。不但要满足使用要求，
而且要对应园林的主体景象，所以在园林厅堂
中常采用地坪窗，以求疏朗通透，尽量扩大欣
赏面。图中可见透过地坪窗，堂前景色尽收眼
底，令人心旷神怡！

3.风窗

《园冶》中曾有详细记述，又称"书窗"、"绣窗"，指用于书房、绣房而言；并列举图式十二种，计有风窗式（花边空心）、冰裂式、两截式、三截式、梅花式、梅花开式几类。在江南私家园林中，我们常可见到一种窗式与风窗相同的"砖框花窗"，只不过不是附加的护窗。这是一种墙上独立开洞的窗式，以磨砖嵌窗口，内用木格，其上可糊裱纱、纸，镶嵌云母片、贝壳片。既有砖与窗棂的质感、色彩对比，又有将室外渗入室内之意。花边空心是最常见的一种，并且这种风窗式棂格构成还常见于园林建筑其他窗类。大概取其空心观景疏朗通透，花边精致秀美之故吧！当然，其他棂心也常见。窗式以矩形居多，也有六角、八角、圆月形式。从苏州狮子林立雪堂砖框花窗、苏州网师园小山丛桂轩冰裂纹圆月风窗，苏州沧浪亭翠玲珑轩廊冰裂纹两截式风窗，可见其风韵。

园林建筑中还有一种长窗，《园冶》称"长槅式"的"（户）槅"；另一种半窗，即《园冶》称"短槅式"的"房槅"以及地坪窗等。它们除了讲究精致秀美，富于装饰，力求表达园林特点的风致外，同样重于借景。因为"园林巧于因借，精在体宜"，是中国造园经营景观、设置建筑的重要原则。作为房屋眼睛的窗，担当借景重任，当然不可推卸！

六、巧构与妙用

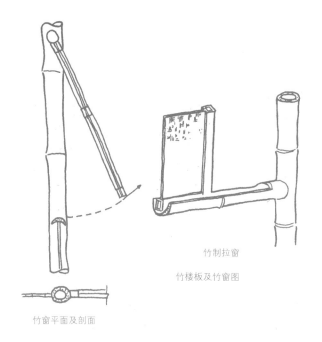

竹制拉窗

竹楼板及竹窗图

竹窗平面及剖面

图6-1 竹窗图（引自《中国古代建筑技术史》）

"窗棂以明透为先，栏杆以玲珑为主。然此属第二议；其首重者，止在一字之坚，坚而后论工拙"（清代李渔《闲情偶寄》）。其实，除坚固、美观之外，还有一个适用方便的问题。在传统建筑中，由于材料限制（主要是玻璃应用较晚），如何兼顾三者，可不是个简单的事。

有关这个问题，我们在前文曾有过简单的交代。如破子棂窗，既省材，又利纳光，便于糊纸；如支摘窗，上支下摘，既可灵活调节，又可屏蔽视线；又如槛窗，水平开关非常方便……下面我们不妨将目光转向一些民间的"偏方"。

a

b

图6-2 浙江建筑石窗

浙江盛产石材，善于石作，建筑与园林中常见石雕漏窗。石窗石材薄，刻工细致，匀称流畅，既自然质朴，又精细雅致。

a. 浙江永嘉苍坡村民居石窗

b. 浙江诸暨西施殿石窗

a

b

图6-3 杭州灵隐寺大殿墙窗

杭州灵隐寺大殿中间开间为隔扇，两梢间为实
墙封闭，墙上各设一圆形窗，窗为灰塑雕饰，
图案繁复，雕工细腻，精致秀美。

图6-4 山西丁村某宅内景
图中可见窗内护板，白天开启，晚上关闭，
既可防寒，又可御敌。

木材用于窗的框棂材料，是中国乃至世界工业社会之前的首选。木材不仅产地分布最广，而且易于加工，质地优良，所以传统建筑的窗从材料来讲，自然是木窗占绝对优势地位。然而各地自然物产提供构筑材料也不尽相同。如新疆南部地区，气候干燥少雨，缺少林木，盛产石膏，当地匠师有一套成熟利用石膏模制建筑花饰、壁柱、檐口乃至漏窗的方法。石膏的广泛使用，是新疆建筑特色之一。新疆喀什阿巴和玛札圆塔上部，线脚花饰及漏窗棂格均为石膏制作，细腻繁复。在我国云南地区，盛产竹材，当地有"吃竹、住竹、烧竹"的说法，由此可见竹在日常生活中的重要位置。云南傣族、景颇族等筑有"竹楼"，大部分材料均系竹做，竹柱、竹梁、竹墙，甚至

图6-5 梅窗图（引自清代李渔《闲情偶寄》）

a

b

图6-6 金华八咏门某宅"出窗"透视图
（引自《浙江民居》）
浙江民居中从室内外望，外推窗成排而置，
用于采光、通风。
a. 外观；b. 内景

图6-7 江苏昆山周庄某宅内景

"借天不借地"，是江浙等地民居有效利用空间的常见手法，窗的妙用也和出挑空间结合在一起。图中可见一种俗称"檐口拉杆"的做法，即在窗槛位置支出半米左右小拉杆，相当于靠背栏杆，可供人休息。窗扇开启，恰好是靠背座椅，俗称"美人靠"。

还有竹的拉窗、支窗。其中竹拉窗可谓材尽其用了：利用剖开的半圆竹筒作为拉窗轨道，大概是再合适不过了（图6-1）。此外，园林中、民居庭院中的漏窗，多在室外，采用砖、瓦等，可谓一举两得，既不怕雨淋腐蚀，又节省了开支。而浙江盛产石材，善于石作，民居中常见有石雕漏窗，石材薄，刻工细圆，匀称流畅，更显自然质朴，也不失雅致。杭州灵隐寺大殿两梢间各设圆形窗，灰塑雕饰，图案繁复，雕工细腻，精致秀美。

窗的制作除了善于利用当地材料外，在制作过程中，还巧妙地解决了采光通风与防御、防雨、防寒、防暑等问题之间的矛盾。风窗，

图6-8 推拉窗与壁柜结合示意图（引自《浙江民居》）

窗

巧
构
与
妙
用

又称"推窗"，《园冶》中明确是外层护窗。而在各地民居中，类似风窗的窗外护板常可见到。在东北地区，"窗户纸糊在外"，号称"东北四大怪"之一，窗户纸糊在外，正是防冬季寒风劲吹。此外，东北及新疆伊宁，冬季严寒，在窗外普遍加木板窗，晚间关闭，可以保持室温。甚至北方有的富足大户，还在内层窗里装置木板，可以像门似地随意开关。而南方地区有的也在窗外加设板窗，主要是出于防御的需要。浙江气候湿热，在山墙或没有腰檐的墙面开窗时，一般都上加雨披，以便在雨天可开窗通风。东北穷苦人家为了节俭度日，在灶房和居室的墙上开凿一个小窗洞作灯龛，一盏油灯照顾两室，光线虽微弱，但可勉强视物。

李渔在《闲情偶寄》中曾记述三种窗棂做法：即纵横格、欹斜格、屈曲体。在欹斜格窗式中，为了在窗外看来好像斜格悬空，但又要稳固，就在木条尖角处的里面，设一条坚固的薄板，以托住外面的斜格。为了掩饰里面的薄板，薄板外面油漆成与室内墙壁同一颜色，如白色、青砖色，外面的斜棂与托板内面油成另外的颜色如红色，斜棂的里面油成青色或蓝色，这样从外面看，斜棂好似悬空构成，而从里看也别有情趣。而《闲情偶寄》记述的"梅窗"制作，更可谓构思巧妙，推陈出新，物尽其用，各得其所。李渔用废弃的石榴树、橙子树较直的老干做框不加斧凿，再用平滑、盘曲的枝桠对角上仰下垂为窗棂。平滑的一面去皮去节朝外糊纸，盘曲的一面朝内不加修饰，点缀纸梅、绿萼，真可谓活脱脱的一幅"梅画"。而李渔设计的"尺幅

图6-9 浙江南浔小莲庄退修小榭内景

图中见到的是窗的另一种妙用。园林建筑中的"半窗"下部木板壁设计成可拆卸的护板，外装栏杆。温暖时节，窗扇开启，护板卸下，人可凭栏远眺；风寒时节，合窗闭户，装上护板，以利保暖。

画"、"空心画"、"便面窗"构思之巧更令人叹服。"便面窗"原为一种扇面窗，用来欣赏山光水色，但不能遮风蔽雨，窗外设推板则幽暗，明窗又不合扇面，所以采用板内嵌扇形窗，设向心直棂，外粘花木，加以颜色区分，便又是一个人造的美景！

匠心独运，巧构妙作，使窗式的设计制作最大限度发挥出各种材料性能，巧妙地解决了美观、坚固及围护之间的矛盾，甚至还孕育出意想不到的新的窗式。不仅如此，人们还往往巧妙地利用窗，赋予它新的功用。

浙江民居堪称争取和利用空间的典范，历来有"借天不借地"之说，善于出挑争取空间，除了楼层出挑外，外檐也常作局部出挑，并往往和窗的妙用连在一起。在浙江民居中常用出挑"檐口拉杆"，即在窗槛的位置挑出一排小拉杆，出挑半米左右，相当于窗外带栏杆的宽台板，视其距楼板高度的不同安排不同用途，若距地板50—60厘米，相当于靠背栏杆，可供人休息，若距地板1米多，则可放置物品。金华赤松门某宅，挑出"檐口栏杆"较低，开窗后可供人休息。出挑"檐口拉杆"虽然争取到休息与存放物品空间，但使用必须开启窗扇，所以有的索性"出窗"，使用起来更为便当，并且有扩大室内空间观感的效用。"出窗"即窗槛以上部分连同窗扇一并挑出50—60厘米，在室内可当长桌使用。若连窗槛一同出挑，则在室内形成长条的"靠背椅"。在浙江民居中，除出挑手法外，还有一

窗

巧构与妙用

筑境
中国精致建筑100

图6-10 北京某宅什锦窗

什锦窗常见于北方的住宅与园林中，聪明的匠师们一物多用，在什锦窗内装上灯盏，白天观窗，夜晚照明，又添夜景，变为灯窗。

些充分利用空间，一窗多用的做法，令人拍案叫绝。如推拉窗与壁柜结合的做法就是一杰作。窗间两侧利用厚墙设置壁柜，每个壁柜宽度恰好为窗宽一半。白天推拉窗窗板开启，恰好封闭两侧壁柜，晚上敞开柜门，恰好关闭窗子。不但利用空间，节约材料，还巧妙地利用了"时间差"。又如利用宽窗台内外存放物品，利用厚墙设窗边壁柜，人杰地灵的浙江，对于空间的利用真可以说到了无以复加的地步!

　　江南园林中窗的首要任务虽在"借景"，却也并不排除通过巧构以达妙用的佳例。园林建筑中的"半窗"即《园冶》中称"房槅"中的"短槅式"，常用窗下半墙做文章，尤其窗台高50厘米左右时，可覆以坐槛，变成坐凳；也可安装靠背，成为"美人靠"。苏州留园西楼底层次间，就可看到这种一物多用的例子。若"半窗"下半墙体换以栏杆则称"地坪窗"，下部分钩栏，装雨搭板，用梢固定可装卸。温暖时节，窗扇开启，凭栏眺望；风寒时节，合窗闭户，外封栏板，足以保暖。而北方园林中的"什锦窗"内装灯盏，夜里照明，又添夜景，变为灯窗，也可称为窗的妙用之佐证。

七、画框里的春天

看到这个题目，您首先想到的，恐怕还是园林中窗的"借景"。不错，园林中的空窗、漏窗和其他类型窗，确实把"借景"作为首要任务，总是将佳景尽收于"画框"中。然而，现实的景色并非尽可入画，诸多因素的限制，也难遂人愿。如果窗外"无景"可借，或者由于材料技术限制，有时无法借景，人们的目光就会转向窗的本身，在窗饰上打主意，做文章，改善窗的形象，美化室内景观，在窗中"再绘春天"。

我们还是从李渔的《闲情偶寄》谈起，书中曾记述李渔设计的"湖舫式"扇面窗。湖舫类似于现在的游艇，李渔在其两侧各设一大尺寸的扇面洞窗，这样随湖舫的游动，进入扇面窗的是变幻的山水长卷，同时展示给舫外游人的，是一幅扇面人物画。这不失为一种成功的借景范例。然而，湖舫的造价绝非一般人所能承受，李渔本人也只能停留在设想阶段。若将其用于建筑之上，然又苦其无佳色变动。笠翁则巧设窗外推板，上置花鸟木石，变为一幅扇面佳作。现存清末私家园林常可看到类似做法，如苏州网师园殿春簃窗下配置芭蕉。为遮风蔽雨，窗外安装"外推板装花式"，即板内嵌扇形窗，设向心直楞，有如扇面折纹，外粘花木，并加以颜色区分，既能遮风挡雨，又使关上推板时，也有画可赏。若另外制一扇纱窗，上绘花鸟虫石，夜里内燃明灯，便成了光彩照人的"扇面灯"了。

图7-1 浙江嘉兴烟雨楼洞窗／上图
方形洞窗之中加以边框，如同陈设用的博古架，
窗心处设置剑兰，宛如一幅优美的花草画！

图7-2 广州陈家祠刻画玻璃窗／下图
在南方某些地区流行着一种在玻璃上刻画的传统
工艺，在彩色玻璃上用车花、磨砂、吹砂和药水
腐蚀等方法刻画出各种花饰，将它们镶在窗扇上
作装饰。刻画题材广泛，多为花鸟草木、静物山
水等。室内观赏效果更佳。

李渔制作的"空心画"、"尺幅窗"与园林洞窗借景手法不能不说有异曲同工之妙。李渔的"浮白轩"后有一座小山，山虽小，却有丹崖碧水，茂林修竹，鸣禽响瀑，茅屋板桥，美景佳色令轩中笠翁不忍关窗，忽一日恍然大悟："是山也，而可以作画；是画也，而可以为窗。"于是，想了一个经济简便的方法，装点"画卷"，令书童裁了几幅纸，作画的天头地脚和左右镶边，分别贴在窗的上下左右，中间虚空，屋后的山景填补为画。于是，"坐而观之，则窗非窗也，画也；山非屋后之山，即画上之山也。"好一幅堂画!这就是李渔的"空心画"或称"尺幅窗"。苏州园林花边空

图7-3 李渔的"空心画"和"尺幅窗"图（引自《闲情偶寄》）

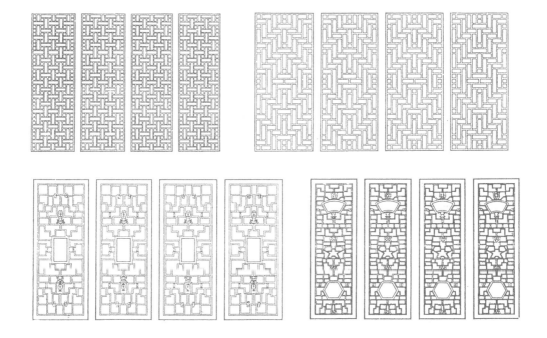

心漏窗显然是"空心画",但既为赏景休憩之所,毕竟还有关窗的必要,如果设窗棂,"空心画"则无空心而言,丑态毕露,若设一般推板,关闭后又无画意可寻。李渔按照窗式大小,制作一扇隔板,上裱名画,嵌入窗中,变为真的堂画了。这样开窗有"空心画"可鉴,关窗用堂画隔板。李渔的轩中窥窗如画,"画框"里就"春光永驻"!

在民居与园林中,传统建筑的窗棂尤其是槅心部位,历来为人们所重视,成为人们展示艺术、表达审美情趣的点睛之处。人们往往采用雕塑等各种手法,运用具有象征意义的装饰图案,附着于槅心或四岔之上,点缀其间,突出重点;或者与棂格合而为一,甚至取代棂格,成为棂格构成方式之一。装饰图案式样繁

图7-4 浙江民居槅心图案(引自《浙江民居》)

图7-5 上海豫园窗/上图
槅心棂格采用正交"卍"字图案，在中心设一空心矩形框，框内梅枝喜鹊图案，喻"喜上眉（梅）梢"；空框两侧各设一圆形喜字，上、下两端设菱形框加以呼应，寓意双喜。构图精美，重点突出，有明显的装饰效果，如同一幅美妙的剪纸画！

图7-6 浙江诸暨西施殿窗/下图
图中窗式为四抹槛窗，上、下绦环板及槅心部位均采用精美木雕装饰，尤以槅心部分更为精彩，每扇中心是一如意瓶图案，雕工精细，图案繁美。

a

b

c

图7-7a~c 窗饰

窗的槅心部位，是人们装饰的重点，用木雕，用彩绘，有
的直接采用动植物图案纹样，采用写实手法；有的采用篆
刻文字图案作为窗棂；有的引用神话或民间故事。

a. 福安动植物图案纹样

b. 永春崇德堂神话故事木雕槅心装饰

c. 福安槅心文字图案

杂，变化无穷，但从图案题材来讲，不外乎以下几种：

①采用动植物图案纹样。这是常见的一种方式，尤其园林中漏窗装饰更为常见。以"吉祥如意"为主题，表达"福、寿、禄、喜"等美好愿望，多采用谐意图案，如用喜鹊表示"喜"，蝙蝠代表"福"，鹿寓意"禄"，寿桃代表"寿"，鱼指意"余、裕"，瓶代表"平安"。并且有一些固定的组合纹样，如瓶与如意的组合，示意"平安如意"；蝙蝠和寿桃组合，示"福寿双全"等等。有以"梅、兰、竹、菊"图案，表现清高雅洁、超凡脱俗的审美趣味。如浙江南浔宜园木雕漏窗装饰图案为透雕贝叶，舒展秀丽；而嘉定汇龙潭漏窗，采用"松鹤延年"的彩塑图案。动植物装饰图案也有抽象趋势的程式化自然纹样，如夔龙、蔓草、云纹、结蒂等，浙江慈溪某宅石雕漏明窗表达的"二龙戏珠"就属此类。在建筑窗式中，动植物图案多为程式化自然纹样的小饰件，组合在棂格中。

②利用文字尤其是篆刻文字图案，作为窗棂。如浙江南浔小莲庄窗格，直接用吉祥用语的篆刻文字图案，形象直观，寓意明显而又颇显文雅。也有将象形篆刻文字组合在钱币、器鼎等图案内，形象抽象、寓意隐含，情趣高雅。

③以"麒麟送子"、"八仙过海"、"西厢故事"、"渔樵耕读"的神话与民间故事为题材，表现山水人物，表达与神同在的愿望。

图7-8 安徽歙县斗山街某宅隔扇槅心装饰采用十二生肖图案。

北方地区，尤其是山西大同、山东等地居民，还有剪贴窗花的风俗。清中叶以后，玻璃逐渐在建筑门窗中得以推广，但民间一般只在支摘窗棂格中心嵌用玻璃，周围还沿用密棂糊纸，而窗棂中心部位，不但成为采光透视的主要洞口，还成了民间窗饰的活跃舞台。每逢春节，北方的妇女席炕而坐，用一把剪刀，将张张彩纸，裁剪成美妙的图画，剪纸需要线条流畅连贯，不允许出现断刀，即除个别部位的边角等，均为闭合图案，彩纸一折一叠，剪刀一张一合，心中的春天便跃然于窗框中。

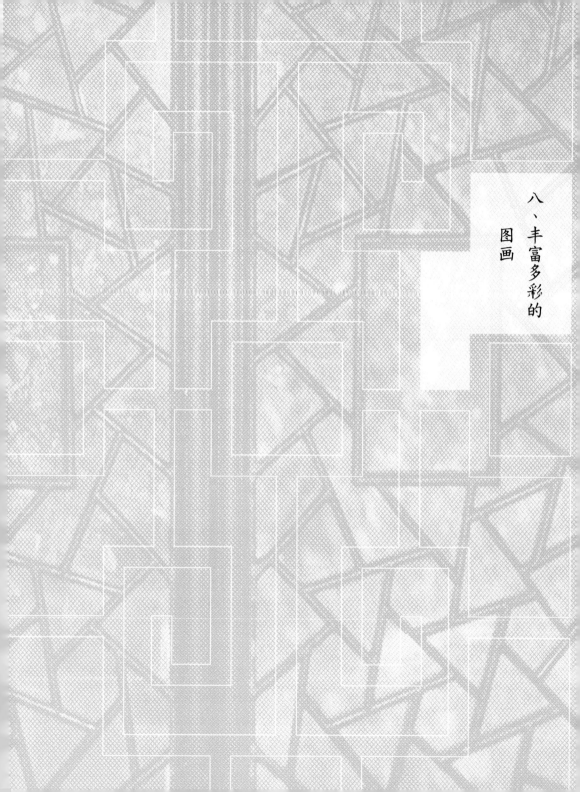

八、丰富多彩的
图画

　　封窗材料的限制要求窗子的槅心必须采用密槅。有趣的是，"密槅"的限制，不但没有约束槅心形态的变化，反而使槅心成为装修上画面最瑰丽、变化最丰富的动人之处。前面曾提到仅苏州一地，园林漏窗式样就有千余种之多，建筑中窗的槅心式样绝不在此之下。信手翻阅传统民居或建筑专集，均可找到有关窗格槅花的图案照片。仅《园冶》列举的计有槅心的式样六十种图式。其中，槅棂式图式即达四十三种，束腰式八种，风窗式二种，冰裂式、两截式、三截式、梅花式、梅花开式、六方式、圆镜式各一种。真可谓："门扇岂异寻常，窗棂遵时各式。"（明代计成《园冶》）若形容其数量之多，恐怕只有"不计其数"最为恰当不过了。

　　究其原因，不外乎两点，一是"密槅"使棂条数量增加，自然其排列组合的可能性就越多；二是纱与纸可随意裁剪、粘贴，棂条可直、可曲、可简、可繁。窗槅心式样虽变化无穷，却也有章可循，其构成要素只有平棂、曲棂、菱花三种，遵循不同的构成方式，组合成形态各异、气象万千的图画。曲棂是弯曲木条组合而成的棂子，如李渔《闲情偶寄》中列举的"屈曲体"即属此类，形态柔和、委婉、秀美，若处理不当，易于流俗。所见甚少，在此不再赘述。着重介绍常用的平棂、菱花的构成方式。

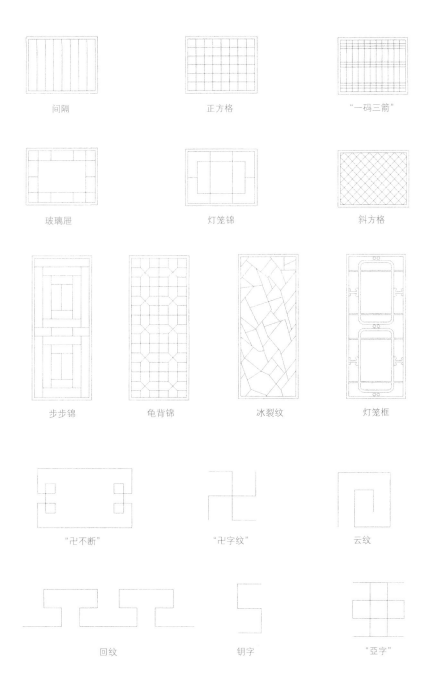

间隔　　　　　　　　　正方格　　　　　　　　　"一码三箭"

玻璃厩　　　　　　　　灯笼锦　　　　　　　　　斜方格

步步锦　　　　　　龟背锦　　　　　　冰裂纹　　　　　　灯笼框

"卍不断"　　　　　　　"卍字纹"　　　　　　　　云纹

回纹　　　　　　　　　钥字　　　　　　　　　　"亚字"

图8-1 平棍构成示意图（引自《中国古代建筑技术史》）

平棂即以直木条组合而成的棂子，是传统建筑棂窗格式样中最常见的主要类型。我们所常见的简单如破子棂窗、"一码三箭"，繁复如冰裂纹、灯笼框、龟背锦等均属此类。平棂简单、规则，易做，却因搭接方式（构成方式）不同可变幻出百套图式。

最简单的构成方式，莫过于用截面、长短都相同的棂条，沿竖直或水平方向等距离间隔排列而成，可称为"间隔构成"。这就是早期通用的直棂窗式，有破子棂窗和板棂窗两种类型。间隔构成是指棂条单向平行排列，若为双向两组间隔构成交叉重叠，则发展为网格构成，有正方格与斜方格两类。正方格较为常见，由棂条横平竖直正交组成，除正方形外，还可调整横向棂条间距，疏密有别，如"一码三箭"。斜方格是由与水平方向成45°角的两组棂条垂直交叉而成。无论间隔构成还是网格构成，都是简单几何直线匀质构成，简单、规

图8-2 江西鹅湖书院讲堂窗槅心棂格最简单的构成方式，就是用截面、长短都相同的棂条等距离间隔排列，如直棂窗。若双向交叉重叠，则为网格构成，有正方格、斜方格两类，在正方格上调整横向棂条间距，疏密有别，在简单、规划中又添了几分变化。图中槅心即属此类。

图8-3 歙县呈坎罗氏宗祠槛窗/上图
图中槅心棂格为正方格形式。

图8-4 北京故宫长春宫窗槅心特写/下图
图中槅心棂格构成称为"步步锦"。具体做法
是从仔边起始以两横两竖，向内搭接棂条，棂
条长度等差递减，取其义"步步紧〔锦〕"。

则、有序、匀质而又无单调之嫌。在传统建筑中应用较广，上至宫殿，下至民宅均可见到。

　　若将棂条长短加以调整，纵横搭接或斜向穿插，就会形成不同的框格，我们可称之为"格框构成"。常见的有步步锦、灯笼框与龟背锦三类。步步锦可谓集雅、坚于一身，"头头有简，眼眼着撒，雅莫雅于此，坚亦莫坚于此。"具体做法是，从仔边起始以两横两竖，向内搭接棂条，棂条长度等差递减，真可谓"步步紧（锦）"，同一方向间隔相等，纵横交错，受力合理而又富于变化。灯笼框是清中叶后玻璃应用于传统建筑上出现的，通常用于隔扇或横披上。突破传统门窗槅心的"密棂"

图8-5 北京故宫钦安殿窗槅心特写
槅心棂格构成为"灯笼框"。

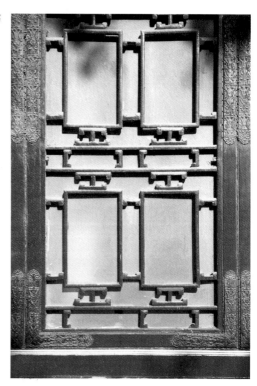

图8-6 苏州网师园某窗

图中窗式可视为灯笼框的变体形式，又称方框嵌蝶。园林建筑中的窗"借景"为先，似一幅幅画框将室外的景致纳入其中。变体灯笼框以方框为中心，空朗赏景；夔龙纹、龟背锦、蝴蝶纹等纹样卡子花组成花边棂心边框，活跃多变，灵动隽秀。

图8-7 浙江南浔小莲庄窗
槅心棂格构成为"龟背锦"。

做法,以其疏朗、空灵使人耳目一新。其构成确如其名,灯笼框基本形态是仔边内置一相似方形棂框,形似灯笼,由近外框处两平行棂条与方框垂直相交,"灯笼框"周边饰以卡子花之类饰件。即组成其基本形,稍复杂者则在方框之中或其外再置以水平或垂直棂条。在门窗槅心,通常由灯笼框基本形上下或左右连续重复组成。龟背锦,图形似龟背而得名,构成方式非常有趣,具体做法是在纵横棂条交接点处,加入45°角斜棂条,改变了纵横方棂的稳定感,使槅心在棂条匀质分布中既有动感又具方向感。

图8-8 浙江诸暨西施殿窗特写/对面页
槅心棂格构成为"龟背锦"。

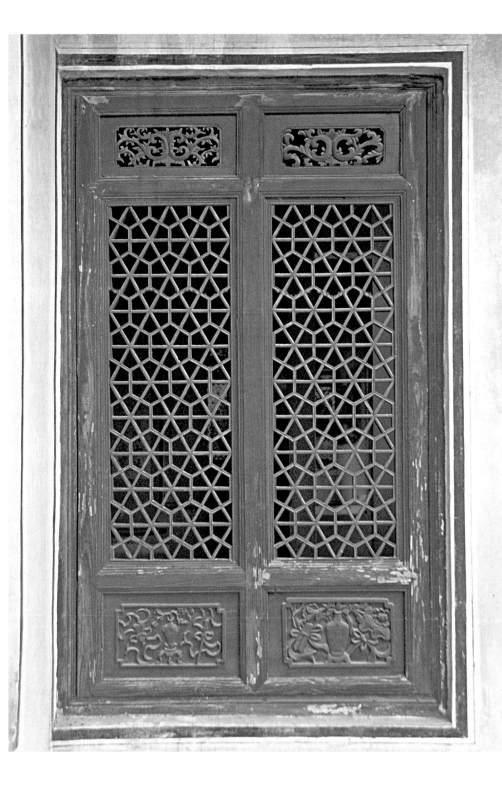

窗

丰富多彩的图画

筑境 中国精致建筑100

清中叶玻璃用于门窗后，除隔扇、横披采用灯笼框槅心式样外，支摘窗内扇出现了明亮的夹仔条大玻璃窗；仔边大玻璃窗在江南私家园林中也多有应用，《园冶》中列举的风窗式即属此列。"风窗宜疏，或空框糊纸，或夹纱，或绘，少饰几棂可也。"前面提到的园林中磨砖花边空心窗，即为其一种。具体做法是，沿窗框周边做密棂花边，中心空朗。这种构成不妨可称为"边框构成"。

民间建筑门窗槅心经常用"卍不断"等边框构成方式，如"卍"字、"亞"字、"同"字等。是一种或几种构件向上下左右扩展相接而成。构成要素是曲尺状棂条，俗称"拐子纹"。如"卍不断"构成要素只是"L"形木棂条，在同一方向上首尾相接，而在水平垂直方向上，两组连续构件交叉而成即形成"卍"字，可组成变化多端的槅心纹样。用"卍不断"概括其构成特点可谓极为形象。

以上所说槅心构成无论是简单还是繁杂，其构成方式极为明显。而园林中常用的冰裂纹，棂条长短不一，方向无定，疏密相间，形成不规则的三边、四边或五边形。其构成变化灵活，但错综有致。"其文致减雅，信画如意，可以上疏下密之妙"（《园冶》），上疏下密，给人以稳定感；自然裂纹雅致质朴，有定法而无定式。

常用于宫殿、寺庙主殿的菱花槅心，以其整体规律匀质，细部精致秀美，有效地渲染出

图8-9 冰裂纹窗

图中槅心棂格构成为冰裂纹式，常见于园林建筑中。冰裂纹棂条长短不一，方向无定，疏密相间，形式不规则，三边、四边或五边形，变化有致，有定法而无定式。

a. 苏州耦园窗

b. 苏州拙政园玉壶冰"冰裂纹"窗

浓华喧炽的热烈气氛，格调富贵、高雅。其外观繁复瑰丽，构成方式却极为简单，实质是一种简单的网格构成，只不过其构成要素——棂条的形式复杂而华丽，是在中直劲挺的棂条两侧雕成曲线状花瓣，化直为曲，化方为圆。这同平棂要素简单、构成方式多变恰好相反。菱花网格构成比上述平棂网格构成略为复杂，可分为双向交叉与三向交叉构成两类，而二者又包括正交、斜交两种。这样就可产生四种棂心图式：即正交双交四椀菱花、斜交双交四椀菱花、正交三交六椀菱花、斜交三交六椀菱花。其中"交"代表支条，是指菱花瓣所形成的圆

图8-10 北京故宫乾清宫窗棂心局部特写

图中棂心棂格图案称作"三交六椀菱花"，是棂格构成中的最高等级，多在皇家宫殿上使用。

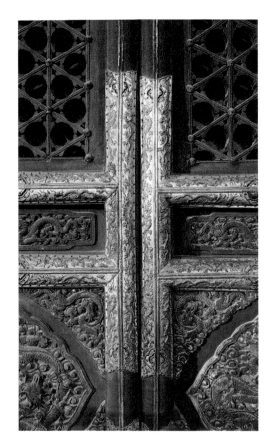

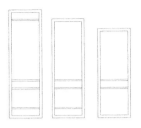

隔扇高与抹头数量

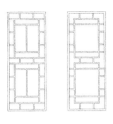

二者构成仅差一根棂条，然外像大为不同，借助水平棂条上下灵活移动，产生变换之妙

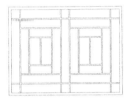

单顶心

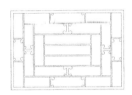

双顶头

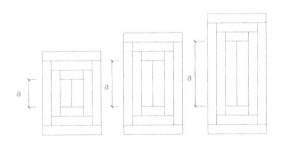

顶心条长a随高灵活调节

图8-11 槅心构成调节示意图(引自《中国古代建筑技术史》)

窗 | 丰富多彩的图画

筑境 中国精致建筑100

形花圈。以上双交四椀菱花构成与前面说过的平棂、正方棂、斜方格构成完全一致，而正交三交六椀菱花是一组竖直等距棂条与两组与之成60°角的等距间隔棂条交叉而成。

椭心构成要素不过平棂、曲棂、菱花三种，构成方式大致也不过以上几种，由于可随边框形状、大小灵活调节，即衍生出多种椭心的形态。如"步步锦"格心中最短的一根棂条称为"顶心"，根据边框形状不同，可选择单顶心或双顶心，并且顶心之长亦可随式而定。又如可随隔扇高低确定抹头数量，边抹又决定棂条排列，椭心形态就会大不相同。另外，上一节提到的窗饰，为丰富多彩的椭心锦上添花。仅点缀格框之间的装饰纹样，各地建筑就大有不同。如常见的如意圆寿字、花卉等。有的直接采用篆刻文字；而椭心采用山水人物图案，则更加写实、更加精致。变化无穷，随心所欲。

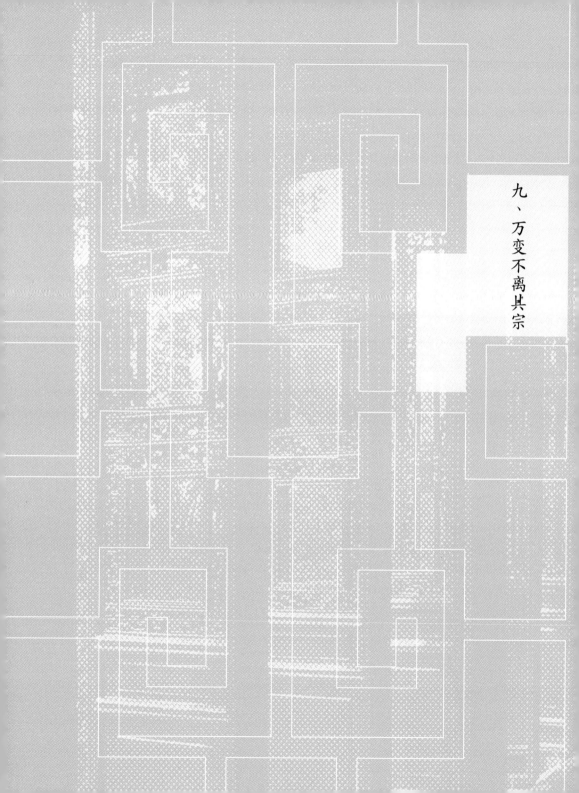

九、万变不离其宗

变幻无穷，姿态万千的门窗棂心图案，令人目不暇接，叹为观止。究其形态构成，构成要素不过平棂、曲棂、菱花三种，窗饰也可归为几类，构成方式不过十余型。如同世间万物，组成元素，不过百余，因物质结构不同而呈现不同物态，却不可胜数。真可谓"万变不离其宗"。

窗的形态构成也与此相同。梁思成先生在《清式营造则例》中曾将装修分为两部分——固定的框槛与可动的隔扇。在外檐装修中，固定的框槛是建筑大木构架与门窗扇的中介，既与木构架牢固结合，又为安装门窗提供框架。有人以为"槛框是从古代墙壁的木骨架–壁带演变而来的，它们一直都是安装门窗的框架"（李允鉌《华夏意匠》）。框槛之中，"槛"是指水平横向构件，因位置不同分为上槛、下槛、中槛。上槛又称"替桩"，位于檐枋或金枋之下（因外檐有时在檐柱位置，若出檐则退至金柱位置）；下槛紧贴地面，我们在传统建筑中常见的门槛就属下槛；中槛又称"挂空槛"，当上、下槛高度过大时设置。下槛用于门或隔扇。在槛窗中，先在槛墙顶安装榻板，榻板以上构造同门与隔扇相同，只是下槛变小，改称"风槛"。支摘窗则无下槛。"框"是指垂直的竖向构件，称"抱框"，紧贴柱子竖立，又称"抱柱"。当开间过大时，需在两"抱柱"之间加"间柱"，通常将中、下槛之间的框称为"长抱柱"，中、上槛之间的框称为"短抱柱"。由此便形成了纵向上、中、下槛，横向左、右抱柱间柱形成的框架，以供安装门窗之用。

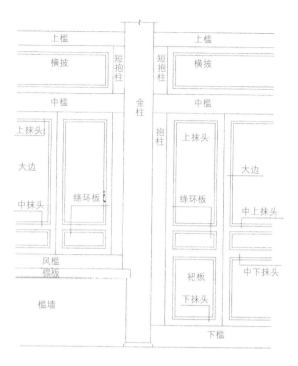

图9-1 槛框构成示意图（引自《中国古代建筑技术史》）

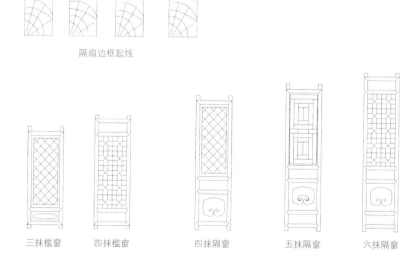

隔扇边框起线

三抹槛窗　　四抹槛窗　　　四抹隔窗　　　五抹隔窗　　六抹隔窗

图9-2 隔扇示意图（引自《中国古代建筑技术史》）

筑境 中国精致建筑100

可动的隔扇自然是门窗的基本部分。隔扇由三部分组成，由上至下分别是槅心、绦环板和裙板。构件有边梃、仔边、棂条、裙板、绦环板。木枋组成了隔扇的骨架，两旁竖立的边框称"边梃"，可兼作门轴；边梃之间，水平横向支条称"抹头"，抹头是槅心、绦环板和裙板的分界线。上部槅心又称"花心"。槅心不但透气纳光，而且变化丰富，是门窗形态繁复多变的主要因素。槅心周围在边梃抹头之内设周围小木枋，称作"仔边"；拆装灵活，便于槅心安装、修缮；仔边内棂条（小木条）构成多种花纹图案，称"棂子"，以使糊纸、裱纱、安装玻璃。裙板是位于隔扇下段的隔板，即中、下抹头之间的薄木板。绦环板是位于隔扇上、下两端或槅心与裙板之间的小木板。根据隔扇高度，抹头数量有所不同，并据此作为隔扇分类，如三抹、四抹、五抹与六抹隔扇。

隔扇可视作"门式的窗"或"窗式的门"，与槛窗构造并无实质区别，有许多书中

图9-3 北京故宫奉天殿前檐局部

窗式虽有多种类型，但其形态构成却极为简单，概括说来，隔扇与槛窗是板、棂、框构成，支摘窗，横披窗则为棂框构成。图中隔扇即由固定的框、绦环板、槅心构成。

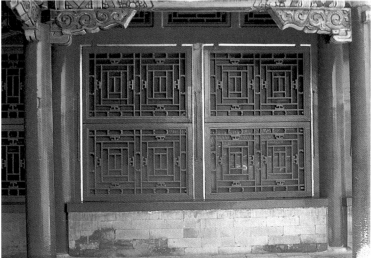

图9-4 北京故宫奉先殿槛窗细部（上图）
图中槛窗为三抹槛窗。

图9-5 北京故宫某殿支摘窗（下图）
支摘窗与横披窗均为棂框构成。

将窗也称作"隔扇"。隔扇与槛窗的区别只在于有无裙板，槛窗可看作无裙板的隔扇，裙板由槛墙代替。槅心、绦环板则与隔扇完全一致。在用于某一建筑中时，往往主间用隔扇，次间用槛窗，并且两者绦环板应高度取齐，求得建筑外檐装修的高度统一。

槛窗只有两种形式，即三抹槛窗与四抹槛窗。三抹槛窗上部为槅心，下部为绦环板，只有三道抹头。四抹槛窗有四道抹头，上、下绦环板各一，均应与隔扇绦环板在高度上取齐。如北京故宫太和殿，隔扇为六抹隔扇，抹头数量最多，上、中、下各有一绦环板，槛窗为四抹槛窗，上、下各有一绦环板，隔扇与槛窗的绦环板取齐划一，整个外檐外观格调一致，形式统一。

在隔扇与槛窗中，构件如边梃、抹头，实质是木枋，裙板、绦环板均为薄木板，而槅心构件棂条为小木条，我们可分别称作"框"、"板"、"棂"。其实所有门窗形态构成要素都不外乎这三种。由于框是必不可少的要素，所以门窗形态构成只有三种形式：板框构成，如版门、屏门；板棂框构成，即我们前面介绍的隔扇和槛窗；还有棂框构成，形式易变，表现形态极为丰富。其表现形式有：支摘窗、落地窗、横披窗等几种。

图9-6 苏州网师园看松读画轩隔扇
园林中的厅轩隔扇处理，门窗合一，以纳景为
首要任务，追求通透疏朗，有落地明扇或地坪
窗之称。

前面已作介绍，支摘窗上可支、下可摘，沿上下开启，因此决定了其构成形态为上、下两扇。两扇比例南北方差异较大，南方支摘窗轻盈精巧，北方挺阔粗犷。横披窗也已作介绍，值得一提的是在外檐装修中，除固定的框槛、开启的扇之上，还应加上固定的扇，那便是横披窗。而落地窗也可看作二抹隔扇，因边梃抹头之内，无绦环板、裙板，面代之以满扇槅心，更为通透，也有"落地明扇"之称。落地扇与现代落地窗形态一致，门窗合一亦门亦窗。在江南园林中较为多见。在园林中也称为"地坪窗"。

棂框构成与其他两种构成不同之处，在于其形态更为空灵剔透，如果说板门与屋门为"实"，隔扇与槛窗为虚实相间，那么棂框构成则表现为"虚"。由实到虚，表现出不同的外部特征：板框构成的板门，屏门封闭规则；隔扇与槛窗屏透得当，共同构成建筑前檐和谐的乐章；棂框构成玲珑剔透，小巧多变。

可以说，固定的框、开启的扇和固定的扇构成传统建筑外檐形态变化之"干"；板棂框构成、板框构成、棂框构成则成为门窗形态构成之"枝"；通过平棂、曲棂、菱花的不同构成方式形成千姿百态的槅心，则为满树绿荫之"叶"。用少量的要素，简单的构成方式，演化出形态各异的个体，形成了中国传统建筑精髓之一。

十、从门到窗

图10-1　吉林延边朝鲜族民居前檐
在中国建筑前檐装修中，门与窗有着很多趋同现象。在朝鲜族民居中，门窗合一，平均每间一樘，每樘门窗大小相等，式样相同，可以自由移动。门窗合一，成为朝鲜族民居显著特征之一。

图10-2　北京北海静心斋室内一角／对前页
"窗"对于建筑的意义在于它是建筑由生存空间上升为生活空间的标志。有了窗，我们可以不出去，在室内便能享受经过窗的驯化的光与风。通过窗便能感知室外的变化，感悟到建筑的领域感与"场所精神"！

门与窗在传统建筑中，可谓既有分工，又有合作。门主司交通出入，窗专司内外通透。它们还有广泛的合作，共同承担了许多职责：通风采光、装扮容颜、物我交流。为求得外檐装修的格调一致，它们往往还协调"行动"，甚至合二为一。这种一致与随意，自然得益于木构架结构的独特性能。所以传统建筑营造法式，将门与窗统归为外檐装修是不无道理的。正因为如此，在传统建筑中，门窗有时难分你我，变得含混不清，亦门亦窗的现象时有出现。前面曾多次提及的隔扇，就有"门式的窗"、"窗式的门"之说。隔扇均能开启，开启则为门，固定可视作窗；而且将裙板换作槛墙，隔扇便成了槛窗，相同的构造，同一的划分，何愁外檐外观不一致呢？相反，将绦环板、裙板全代之以槅心，则成为落地窗，又称"地坪窗"；亦门亦窗的隔扇，真可称作门与窗的"中间态"了。在朝鲜族民居中，索性门窗合一，平均每间一樘，每樘门窗大小相等，

图10-3 北京某宅冬季窗景

窗外雪花纷飞，窗内鲜花怒放。有了窗，人们可以赏雪观花，坐享室内温暖，无忧室外之寒冽。纳利阻弊，建筑的本质可"窗窥"。

图10-4 北京北海白塔/对面顶

窗在漫长的发展历程中，功能、式样、材质、工艺都发生了巨大的变化，并逐步成为人们心理认同的，具有约定俗成的符号，室内的壁龛，佛塔的佛龛，以及假窗、盲窗或多或少反映了这种心理趋向。从图中可看到，北京北海白塔的塔身正面有壶门式眼光门，门内刻有藏文咒语，门边有卷草纹样，在白净塔身的衬托下十分醒目。这不妨可看作一种特殊的窗。

式样相同，却可以自由移动，成为朝鲜族民居显著特征之一。

门与窗虽有趋同现象，但也存在着显著的差异，尤其在门与窗的早期发展中，既不同途，也不同步，并且对于建筑有着不同的意义。"当局者迷，旁观者清。"建筑界对于建筑的考证研究，往往限于专业范围，却忽略了事物表象之后的精髓；真正认识到窗对于建筑意义，并进而阐释人-建筑-环境内在关系，竟属局外人。当代文学巨匠钱钟书先生，早在20世纪40年代发表的散文《窗》中，就用他特有的笔锋，对这个问题有过独到精辟的论述。现不妨摘录几段：

世界上的屋子全有门，而不开窗的屋子我们还看得到。这指示出窗比门代表更高的人类进化阶段。门是住屋子者的需要，窗多少是一种奢侈。屋子的本意，只像鸟窠兽窟，准备人回来过夜的，把门关

上，算是保护。但是墙上开了窗子，收入光明和空气，使我们白天不必到户外去，关了门也可生活。

屋子在人生里因此增添了意义，不只是避风雨、过夜的地方，并且有了陈设，挂着书画，是我们从早到晚思想、工作、娱乐、演出人生悲喜剧的场子。门是人的进出口，窗可以说是天的进出口。屋子本是人造了为躲避自然的胁害，而向四堵墙、一个屋顶里，窗引诱了一角天进来，驯服了它，给人利用，好比我们笼络野马，变为家畜一样。从此我们在屋子里就能和自然接触，不必去找光明，换空气，光明和空气会来找到我们。所以，人对于自然的胜利，窗也是一个。

从钱先生幽默隽永的话语中，我们可以悟到，"窗"对于建筑的确有着非同寻常的意义：堪称建筑从生存空间上升为生活空间的标志之一。观察门与窗的发展历程，可以肯定地说现在通常意义上"窗"的出现确实在"门"之后。作为建筑的出入口，门洞自然是伴随建筑一同出现的，"门"作为建筑出入口的屏蔽装置，是人类生存的必要保护，理应出现得很早，虽然形式与后来的门可能有所不同。我们知道，人类的早期建筑活动，大致经历了从袋状竖穴→半穴居→地面建筑的发展历程。据推测，在袋状竖穴上，先人们用类似雨伞的活动屋顶，遮风避雨。这个活动的屋顶，便可以看作早期的"门"了；在半穴居与地面建筑雏形中，无论如何简陋，终归有洞口的掩闭装置作为保护。有人推测，其间已有了编织绑扎的活动门扇。而半穴居之前，窗还是屋顶的排烟口；地面建筑出现伊始，窗还是山墙顶端的牖。从囱到牖，从牖到窗经历了漫长的岁月。"窗"出现的确切年代虽无从考证，但可以肯定地说，先有门而后有"窗"。有了门的保护，人们可以安身，可以生存，房屋从而成为人构筑的生存场所；有了窗的通透，虽不出户，便可安然地享受着经过选择与修正的自然：阳光、微风与美景，人在其中不但可以生存，而且可以生活。因而从门到窗，建筑由生存空间上升为生活空间，"窗比门代表着更高的人类进化阶段。"建筑才成为"真正的建筑"。

西汉刘安《淮南子·秦族川》中说："凡人之所以生者，衣与食也。今囚之冥室之中，虽养之以刍豢，衣之以绮绣，不能乐也；以目之无见，耳之无闻。穿隙穴，见雨零，则快然而叹之，况开户发牖，从冥冥见炤炤乎？"

窗对于建筑的意义，揭示了人-建筑-环境三者的关系。人类的进化史向我们展示了人对于自然利用与征服的不断进步。完全隔绝自然，人便不能生存；完全融于自然，人便无法生活。人需要阳光、空气与食品，同时又要躲避酷暑、严寒、风雨与人兽的侵袭。隔绝与融合，形成了人与自然的主要矛盾。造屋以隔自然之害，开门窗以纳自然之利，建筑便是人类"驯化的自然与修正的自然"，可称为人与自然的调节器。"凿户牖，当其无，有室之用"。建筑的本质也正在于此。而窗在其中扮演了重要的角色。钱先生称之为"人对于自然的胜利，窗也是一个"。可见窗对于建筑、对于人类生活的重要！

　　窗的出现是建筑早期发展的一个飞跃，窗的发展，逐步成为人们心理认同的，具有约定俗成的符号。前面提到的砖塔假窗、空窗或多或少反映了这种心理趋向。而室内的壁龛似乎也可以看作窗的变体。现代建筑技术的发展，人们完全可以在与室外隔绝的岁月中工作、生活，但这种心理需求，人们不得不开一些"心理窗"，以消除隔绝自然失去方位感带来的心理障碍。可见，窗的发展也有一个异化过程。

图10-5　河北承德普陀宗乘之庙大红台窗型佛龛

窗的分类表

类别	名称	构筑特征	槅心构成	备注
窗的基本形态	直棂窗	棂条竖直均匀排列，棂条数多为奇数，一般不开启	形如栅栏简朴无华	①最早的窗式，宋代以前为通用窗式；明清时期多用于辅助建筑，等级最低；②分为板棂，破子棂窗及"一码三箭"；③材料有木、石、竹
	支摘窗（南方称"合和窗"）	上支下摘。南方支摘扇高比为2:1，精巧细腻；北方支摘扇高比为1:1，舒展大方	形态最丰富，常见形式有：步步锦、龟背锦、"卍不断"、灯笼框、盘长等	①明清时期通用窗式之一，应用范围广，住宅中最常见。等级仅次于槛窗；②木构
	槛窗	构造同隔扇，将隔扇裙板去掉，安装于槛上，南方用木板壁（保留隔扇的槅心、绦环板）	常见形式有：菱花、球纹变体、柿蒂纹、龟纹、步步锦等	①明清时期通用窗式，窗式中级别最高，多用于宫殿、庙宇或建筑组群中主殿；②木构
	横披窗	位于门窗隔窗扇之上，每开间分三段	与其下门窗格调统一	①出现年代早；②木构、石构

类别	名称	构筑特征	槅心构成	备注
其他类型窗	推拉窗	设轨道水平横向推拉	同支摘窗、槛窗	①应用不广泛；②木构、竹构
	转窗	设垂直中轴或横轴	同支摘窗、槛窗	①应用不广泛；②木构
园林中的窗	洞窗（又称"空窗"）	只留洞口，有的洞边不加修饰，粉框素边；有的加清水磨砖作框，雅致秀美	通透	①最早的窗式之一，多用于园林借景，兼作通风；②形状多变
	漏窗（又称"花窗"、"通花墙"、"漏明墙"等）	设窗棂而不封窗，若通若挡，若断若连	形态极丰富。有几何构图、自然纹饰、文字篆刻、人物故事等多种类型	①最早见于汉代明器；②多用于园林、宅院院墙，具有借景、装饰、通风多功能；③砖构、石构、木构、铁构等
特殊形态的窗	天窗	设于屋顶或墙上部，如天孔、高侧窗		①最早的窗式之一；②天孔见于蒙古包；高侧窗多见于藏族碉房、新疆"阿以旺"，以及喇嘛教经堂等
	假窗（又称"盲窗"）	只用木构之形，而墙无窗洞之实，既不减弱墙体承载力，又改善平素呆板的外观形象	仿木窗，简朴为主	多用于砖塔、石塔等生土建筑

图书在版编目（CIP）数据

窗／田健撰文／张振光等摄影.—北京：中国建筑工业出版社，2013.10

（中国精致建筑100）

ISBN 978-7-112-15811-9

Ⅰ.①窗… Ⅱ.①田… Ⅲ.①古建筑–窗–建筑艺术–中国–图集 Ⅳ.① TU–092.2

中国版本图书馆CIP数据核字（2013）第210139号

©中国建筑工业出版社

责任编辑：董苏华 张惠珍 孙立波

技术编辑：李建云 赵子宽

图片编辑：张振光

美术编辑：赵 清 康 羽

书籍设计：瀚清堂·赵 清 周伟伟 康 羽

责任校对：张慧丽 陈晶晶 关 健

图文统筹：廖晓明 孙 梅 骆毓华

责任印制：郭希增 臧红心

材料统筹：方承艺

中国精致建筑100

窗

田 健 撰文/张振光 田 健 王雪林 摄影

中国建筑工业出版社出版、发行（北京西郊百万庄）

各地新华书店、建筑书店经销

南京瀚清堂设计有限公司制版

北京顺诚彩色印刷有限公司印刷

开本：889×710毫米 1/32 印张：4 插页：1 字数：164千字

2016年11月第一版 2016年11月第一次印刷

定价：**64.00**元

ISBN 978-7-112-15811-9

（24326）